全教科書対応
文章題・図形 1ねん

べんきょうした 日　　月　　日

① どちらが おおい

きほんのワーク

こたえ 1ページ

やってみよう

☆ リボンは　みんなの　ぶん　あるかな。
りすと　リボンを　•—•で　むすんで　くらべましょう。

かんがえかた
せんで むすんで，あまった ほうが おおいです。

リボンは　みんなの　ぶん　あります。

1 プリンと　さらを　•—•で　むすんで　おおい　ほうに　◯を　つけましょう。

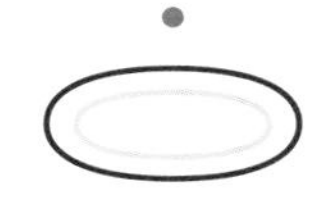
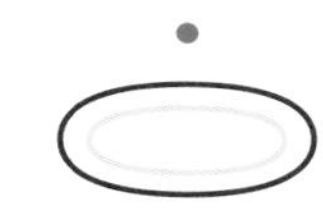
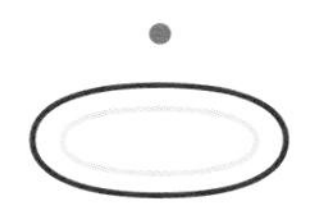
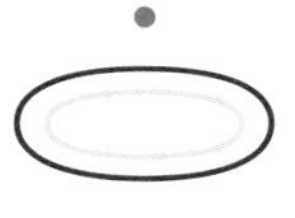

2 きつねと　たぬきでは，どちらが　おおいかな。えと　おなじ　かずだけ　◯に　いろを　ぬって　くらべましょう。

きつね ◯◯◯◯◯

たぬき ◯◯◯◯◯

おおい ほうの なまえを かきましょう。→ ［　　］が　おおい。

おうちのかたへ
1つずつ線で結んで，多い少ないを直接比べます。余った方が多いことを教えましょう。
❷のようにバラバラに混じっているときは，●に置き換えて比べます。

② 10までの かず

きほんのワーク

こたえ 1ページ

やってみよう

☆ かずが おなじ ものを •—• で むすびましょう。

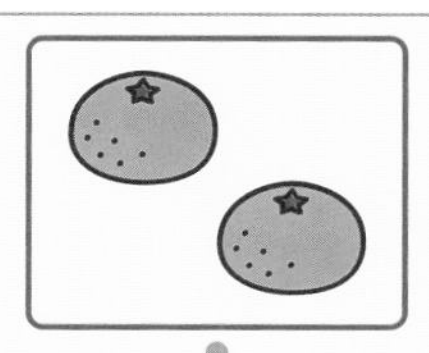

いち，に，さん，…と かぞえて みよう。

1 かずが おなじ ものを •—• で むすびましょう。

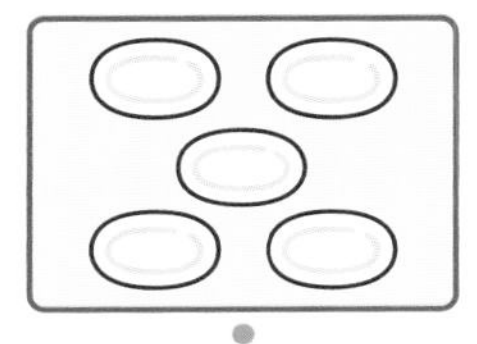

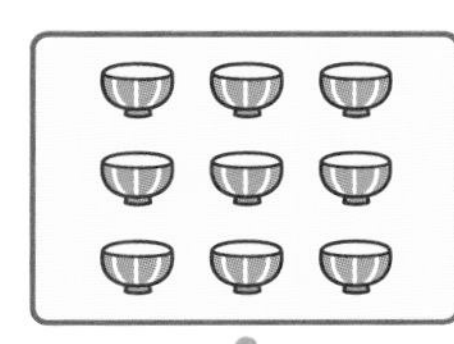

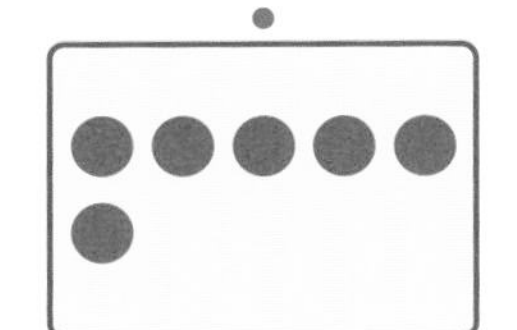
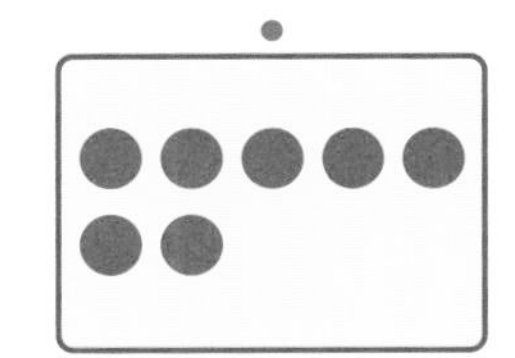
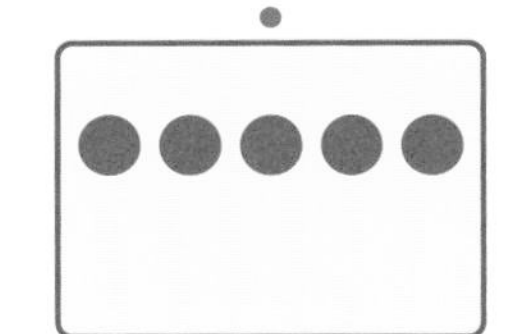
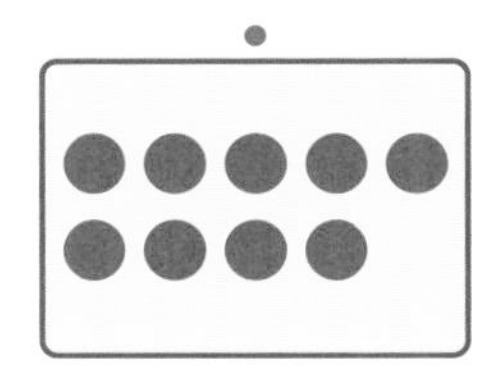
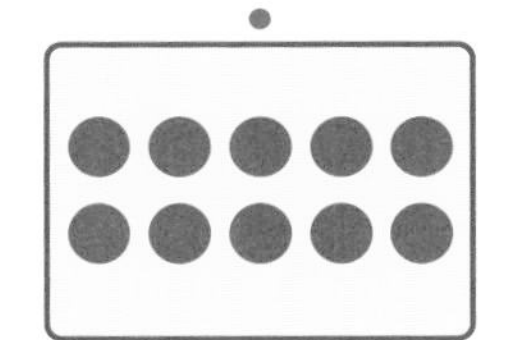

2 かずを すうじで かきましょう。

❶ 

□ ひき

❷ 

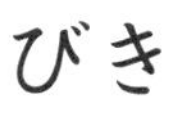
□ びき

❸ 

□ ぴき

おうちのかたへ

1から10までの個数を数え，数を「数字」で表すことを学びます。
身のまわりで「4つあるものを探してみて」などと問いかけてあげてもよいでしょう。

べんきょうした 日　月　日

③ 0と いう かず
きほんのワーク

こたえ 1ページ

やってみよう

☆ りんごの かずを すうじで かきましょう。

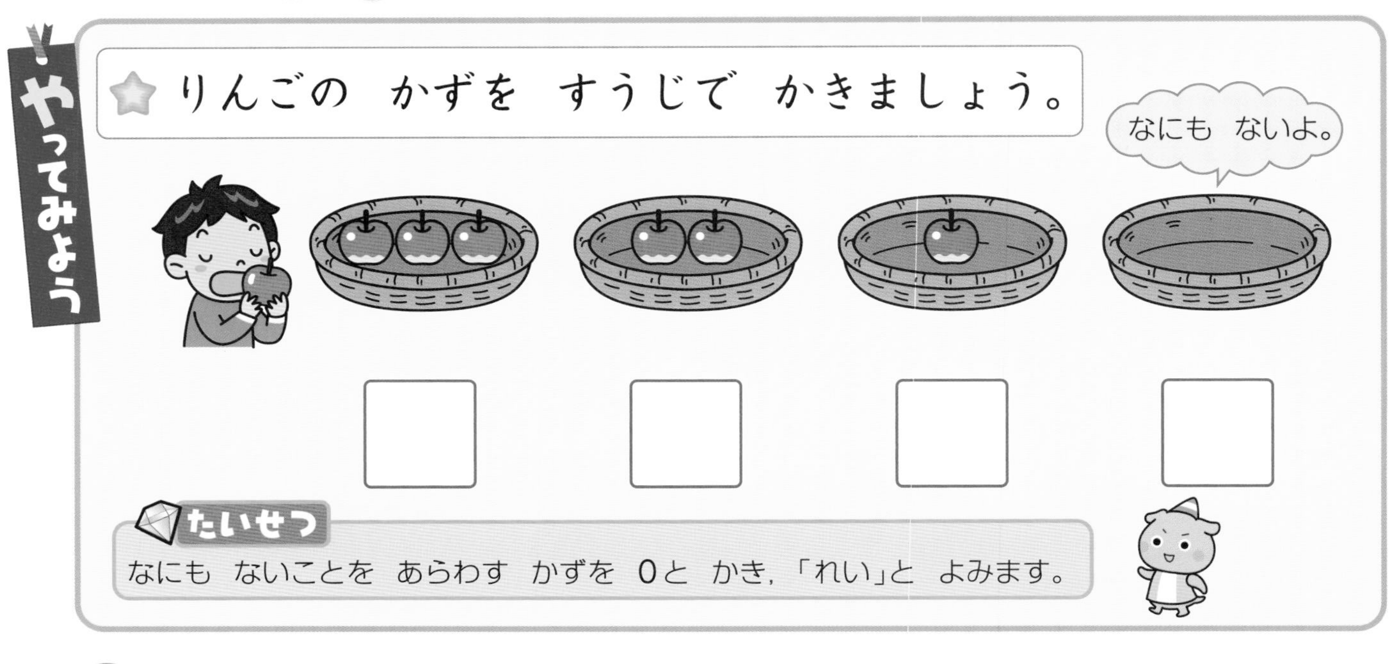

たいせつ
なにも ないことを あらわす かずを 0と かき，「れい」と よみます。

1 たまいれを しました。はいった かずを すうじで かきましょう。

①　②　③

2 かめの かずを すうじで かきましょう。

①　②　③

おうちのかたへ
何もないことを表す「0」を学びます。0がイメージしにくい場合は，具体的な物を使って示してみましょう。②のように，時間の流れの中で0をとらえると理解が進みます。

④ かずの ならびかた

きほんのワーク

こたえ 1ページ

1 □に かずを かきましょう。

❶

1	2	3				7			

❷

	9			6	5		3		

❸

2	4	6	8	

❹

4	3		

2 かずの おおきい ほうに ◯を つけましょう。

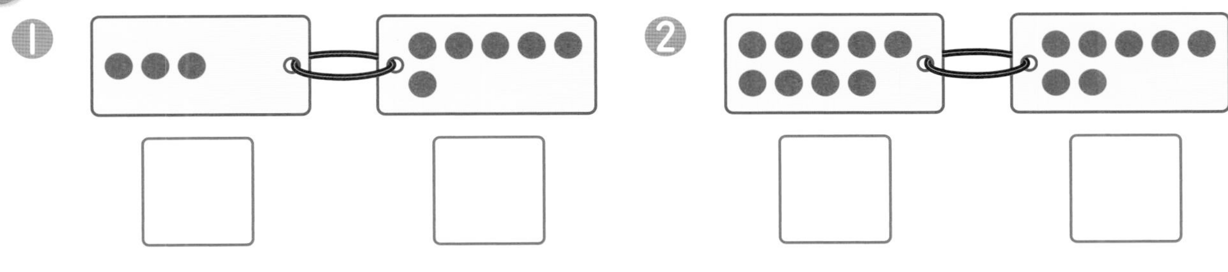

❶ ❷

❸ 7 - 6

❹ 10 - 9

❺ 8 - 1

おうちのかたへ

1から10までの数の並び方や，数の大小などを学びます。❶❸は2ずつ増えているので，注意してください。

まとめのテスト①

こたえ 1ページ

1 ものや どうぶつの かずを かぞえて すうじで かきましょう。

1つ8〔72てん〕

    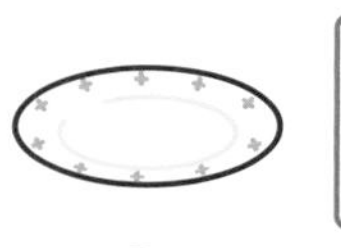 

2 よくでる とりの かずを すうじで かきましょう。

1つ7〔28てん〕

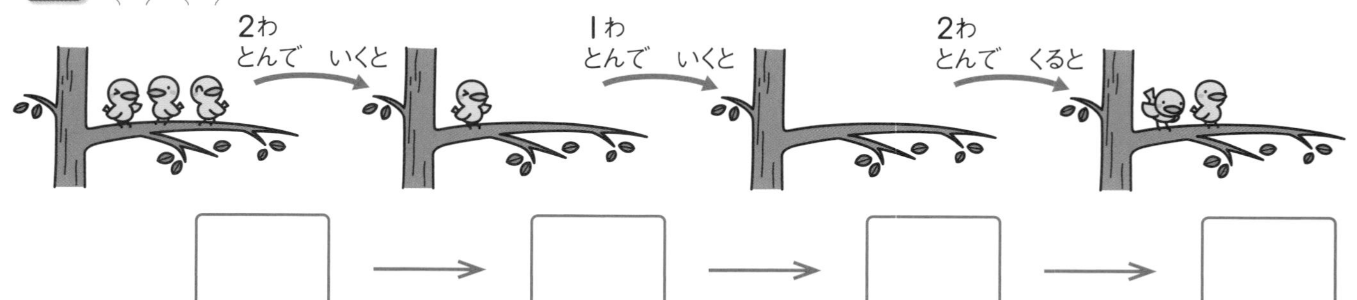

□かずを ただしく かぞえる ことが できたかな。
□かぞえた かずを すうじで かく ことが できたかな。

まとめのテスト②

じかん 20ぷん

とくてん　/100てん

こたえ 1ページ

1 □に かずを かきましょう。　1つ4〔36てん〕

2 ひだりの かずより 1 おおきい かずを □に かきましょう。　1つ8〔32てん〕

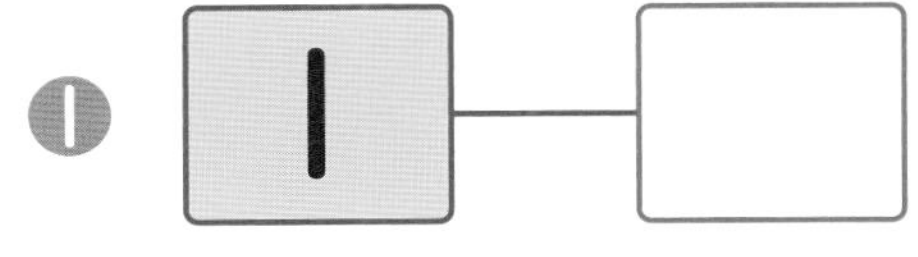
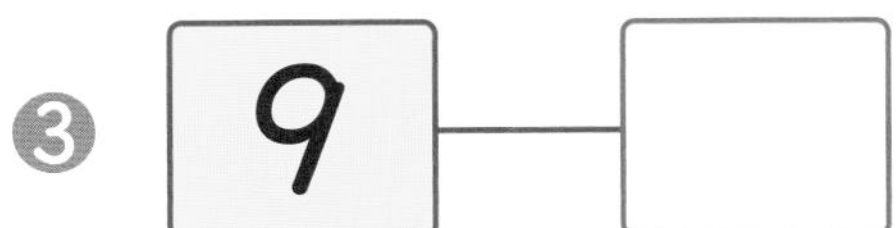

3 ひだりの かずより 1 ちいさい かずを □に かきましょう。　1つ8〔32てん〕

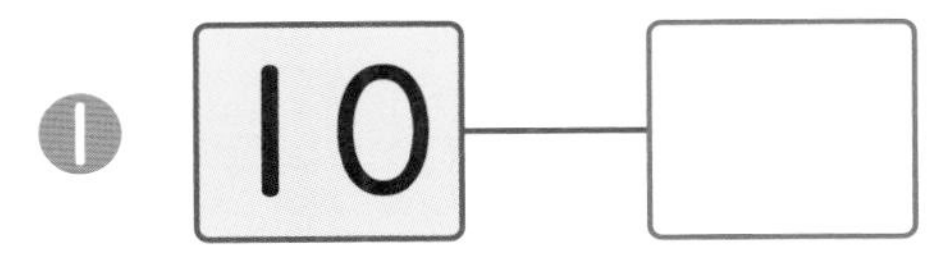

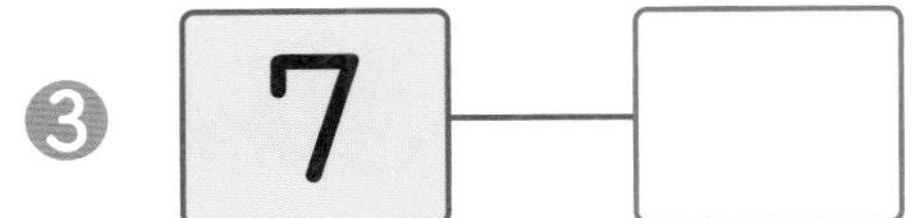
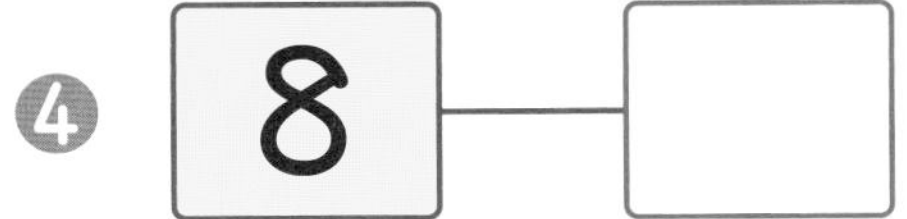

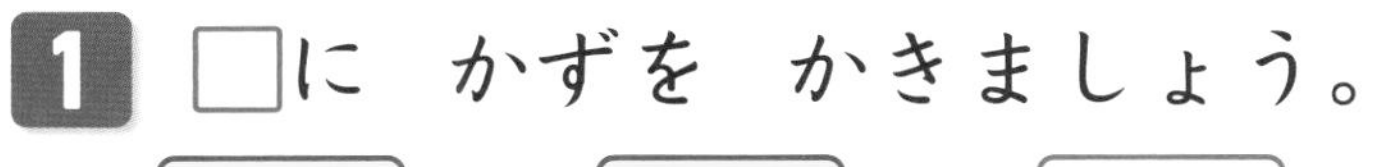

チェック

□ 1 おおきい かずを かく ことが できたかな。
□ 1 ちいさい かずを かく ことが できたかな。

べんきょうした 日　　月　　日

① なんばんめ(1)
きほんのワーク

こたえ 2ページ

やってみよう

☆ ⬭で かこみましょう。

❶ まえから 4だい

まえ  うしろ

❷ まえから 4だいめ

まえ  うしろ

たいせつ
❶は あつまりを あらわす かずの いいかたです。
❷は じゅんばんを あらわす かずの いいかたです。

1 ⬭で かこみましょう。

❶ ひだりから 3こめ

ひだり   みぎ

❷ ひだりから 3こ

ひだり 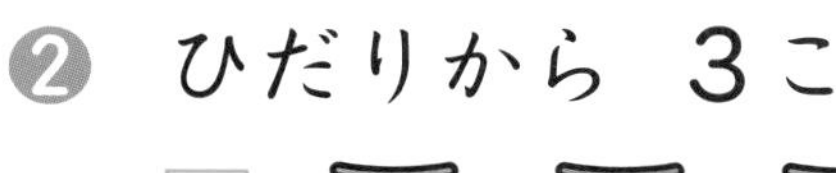 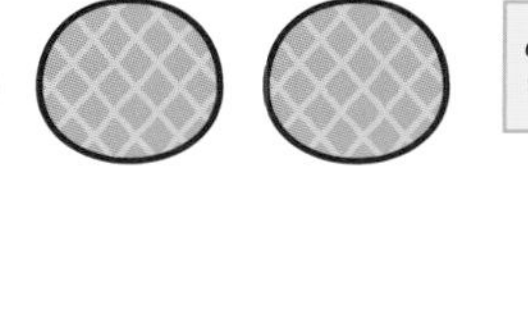 みぎ

2 いろを ぬりましょう。

❶ ひだりから 2つめ

ひだり  みぎ

❷ ひだりから 2つ

ひだり 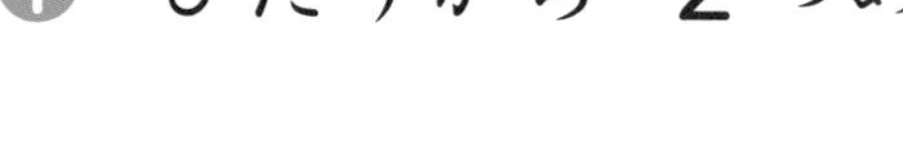  みぎ

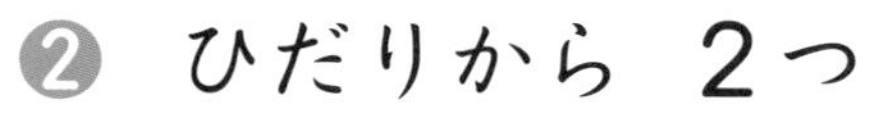

❸ みぎから 4つめ

ひだり  みぎ

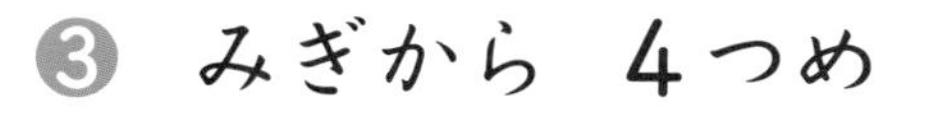

❹ みぎから 4つ

ひだり   みぎ

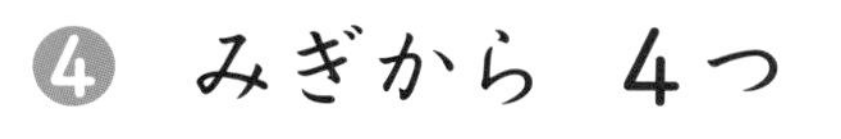

おうちのかたへ
「前から４台」のような集合数を学習します。「前から４台目」の順序数との違いを理解できるようにしてください。日常生活の中で，少しずつ慣れていきましょう。

② なんばんめ (2)

きほんのワーク

こたえ 2ページ

やってみよう

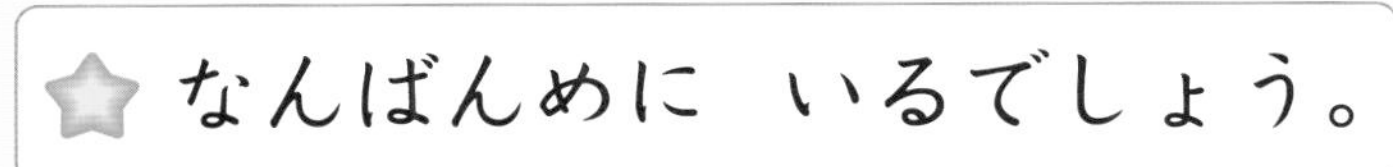

☆ なんばんめに いるでしょう。

❶ あいさんは まえから □ ばんめです。

❷ りくさんは うしろから □ ばんめです。

1 なんばんめに あるでしょう。

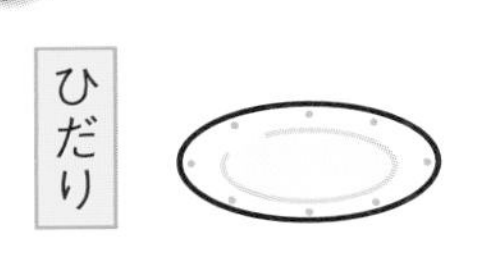

❶ ボウル（ぼうる）は ひだりから □ ばんめです。

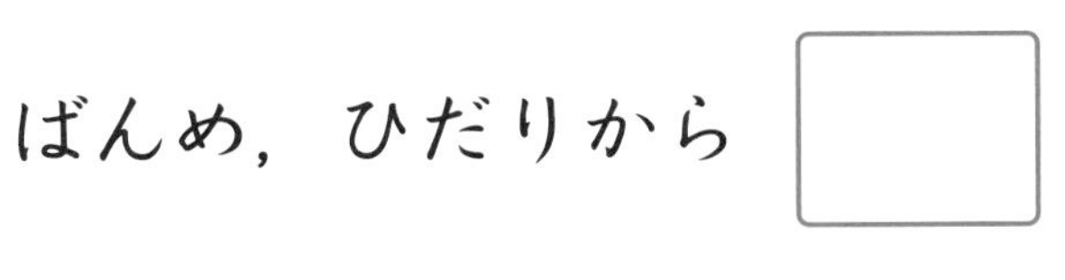

❷ スプーン（すぷうん）は みぎから □ ばんめ，ひだりから □ ばんめです。

2 なんばんめに いるでしょう。なんにん いるでしょう。

❶ れなさんは まえから □ ばんめ，うしろから □ ばんめです。

❷ れなさんの まえには □ にん います。

おうちのかたへ　「～から何番目」といういい方で，数字を使って順序や位置を表す「順序数（じゅんじょすう）」について学習します。前後・上下・左右などが出てきますが，特に左右が難しいようです。

まとめのテスト①

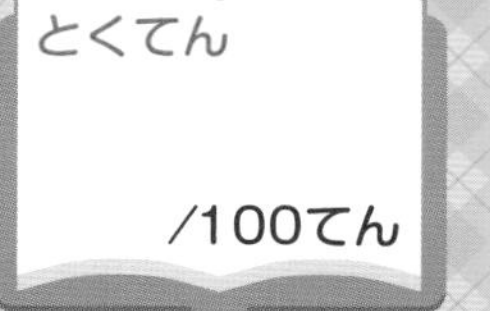

こたえ 2ページ

1 よくでる えを みて，こたえましょう。 1つ10〔60てん〕

ひだり ㋐ ㋑ ㋒ ㋓ ㋔ ㋕ ㋖ みぎ

❶ ひだりから 3ばんめの おはじきは  です。

❷ ㋔の おはじきは，ひだりから 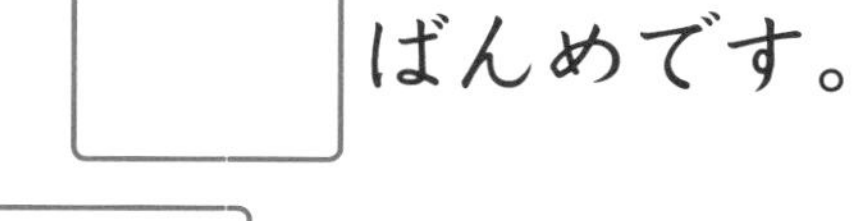 ばんめです。

❸ ㋕の おはじきは，みぎから □ ばんめです。

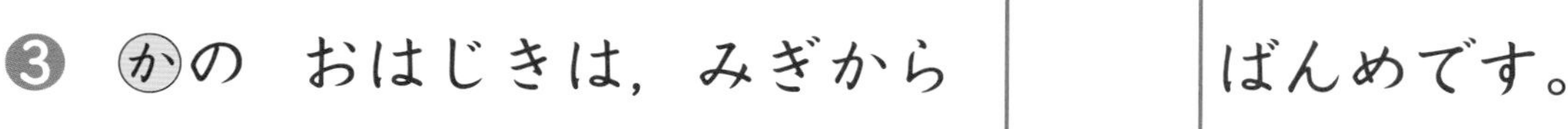

❹ ひだりから 4この おはじきを ⬭ で かこみましょう。

❺ みぎから 3ばんめの おはじきを △ で かこみましょう。

❻ おはじきは ぜんぶで 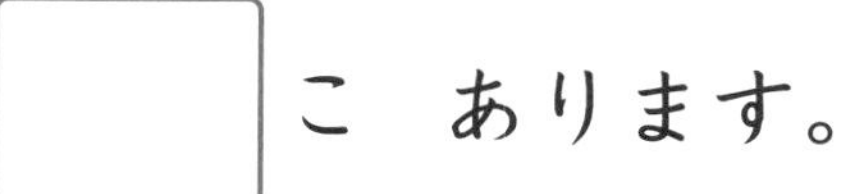 こ あります。

2 いろを ぬりましょう。 1つ10〔40てん〕

❶ ひだりから 4つめ

❷ みぎから 3ばんめ

❸ ひだりから 3つ

❹ みぎから 5つ

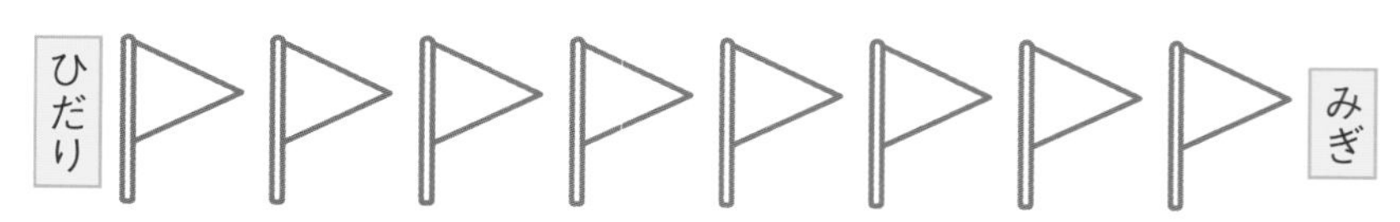

チェック✓
□みぎと ひだりの ちがいが わかるかな。
□3つと 3ばんめの ちがいが わかったかな。

まとめのテスト②

じかん 20ぷん

とくてん　　/100てん

こたえ 2ページ

1 えを　みて，こたえましょう。　1つ10〔60てん〕

❶ うえから　5ばんめの　どうぶつは

［　　　］です。

❷ したから　3ばんめの　どうぶつは

［　　　］です。

❸ ねこは　したから［　］ばんめで，

うえから［　］ばんめです。

❹ うさぎの　したには，どうぶつが［　］ひき　います。

❺ さるは　うえから［　］ばんめです。

うえ

とり

ねずみ

ねこ

うさぎ

りす

さる

した

2  いろの　ついた　ところは　なんばんめでしょう。

1つ10〔40てん〕

❶ ひだり △△▲△△△ みぎ　ひだりから［　］ばんめ

❷ ひだり ○○○○●○ みぎ　みぎから［　］ばんめ

❸ ひだり ◆◇◇◇◇◇◇ みぎ　ひだりから［　］ばんめ

❹ ひだり ☆☆☆☆★☆☆ みぎ　みぎから［　］ばんめ

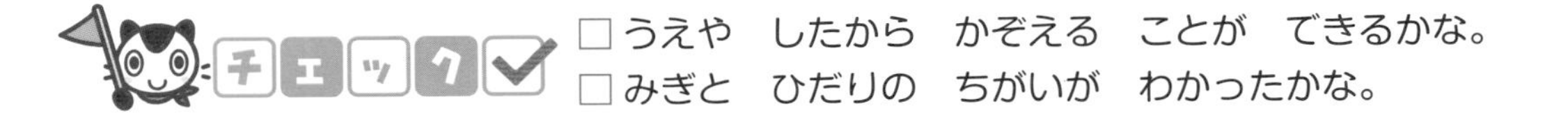

① 4，5，6の いくつと いくつ

きほんのワーク

こたえ 2ページ

やってみよう

☆ 4は いくつと いくつに なりますか。

① ● ●●● 4は 1と □

② ●● ●● 4は 2と □

③ ●●● ● 4は 3と □

1 5は いくつと いくつに なりますか。

①   1 と □

②   2 と □

③   3 と □

④  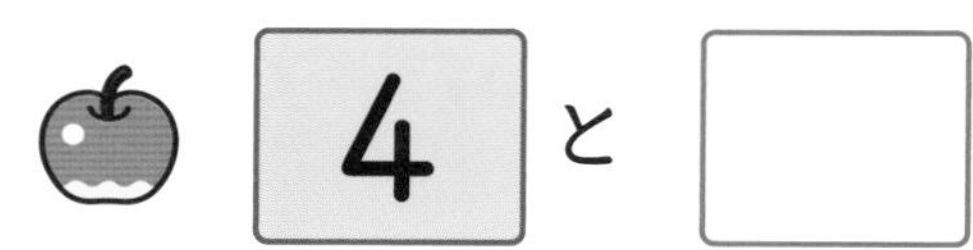 4 と □

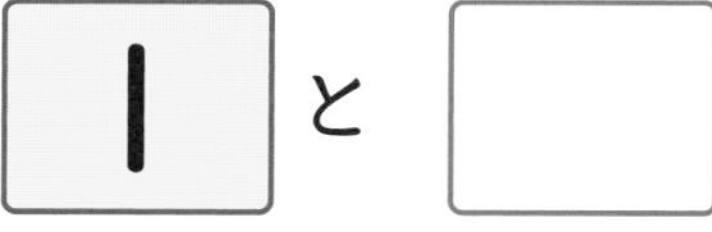
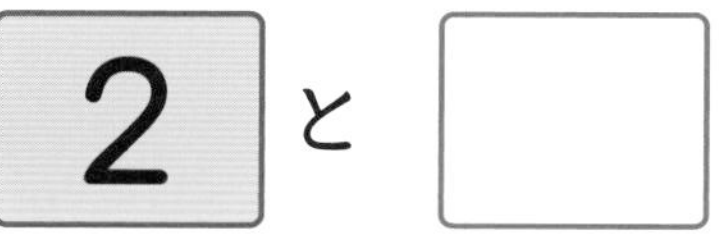
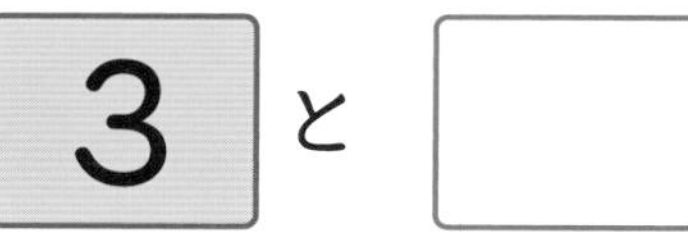

2 うえの カード(かあど)と したの カードで 6に なるように ●—●で むすびましょう。

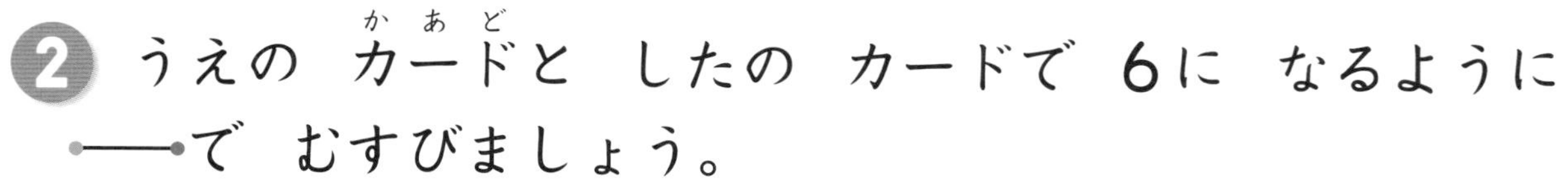

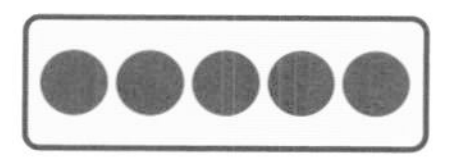 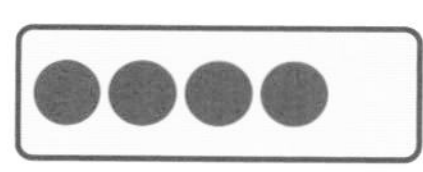 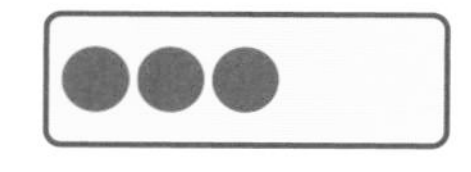  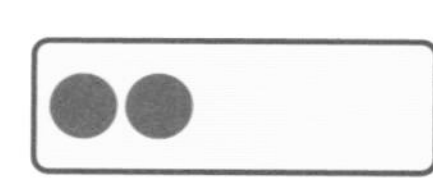

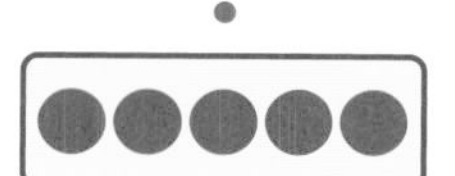 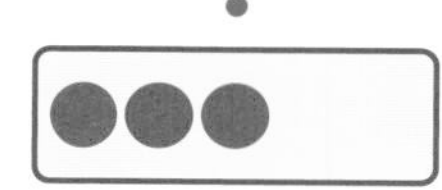  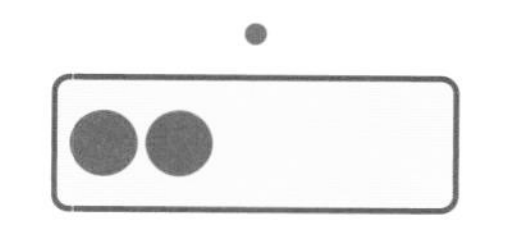 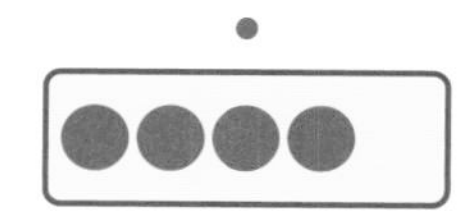

おうちのかたへ 「6は，2と4」のような分解的な見方と，「2と4で，6」のような合成的な見方を学びます。数に親しみ，数をいろいろな角度からとらえることを目標にしましょう。

② 7，8，9の いくつと いくつ

きほんのワーク

こたえ 3ページ

やってみよう

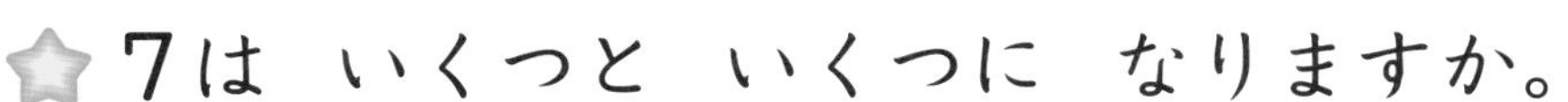

☆ 7は いくつと いくつに なりますか。

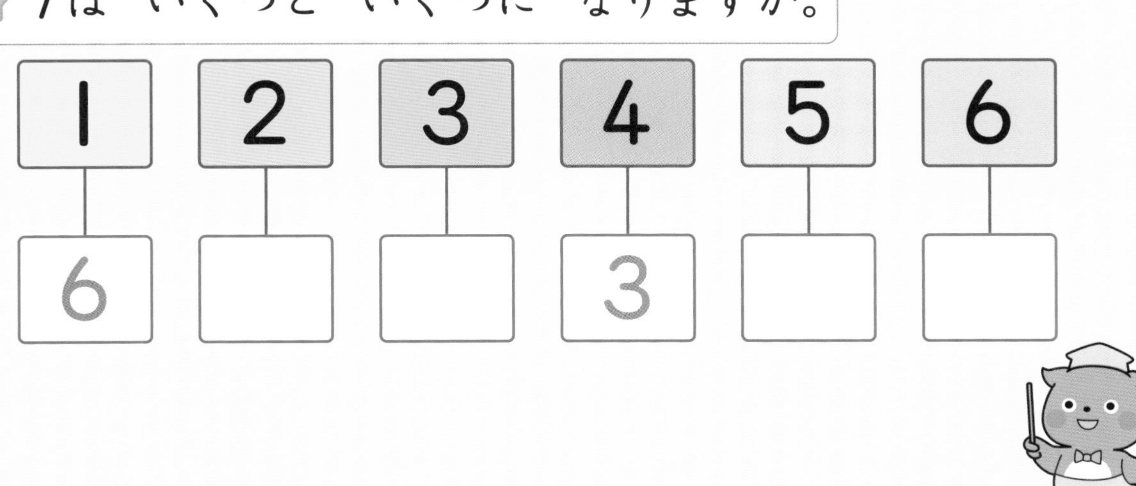

1	2	3	4	5	6
6			3		

1 あわせて 8に なるように •——•で むすびましょう。

1	2	6	3	5	7	4
6	2	7	5	4	1	3

2 9は いくつと いくつに なりますか。

❶ 6 と □　　❷ 2 と □

❸ 3 と □　　❹ 7 と □

❺ 5 と □　　❻ 1 と □

❼ 4 と □　　❽ 8 と □

おうちのかたへ

分解的な見方と合成的な見方は表裏の関係になっていて，たし算・ひき算の基礎となります。お子さんに「9はいくつといくつ？」などの問題を出してみてもよいでしょう。

べんきょうした 日　月　日

③ 10は いくつと いくつ(1)

きほんのワーク

こたえ 3ページ

やってみよう

☆ あと いくつで 10に なりますか。 したの ◯を ぬりましょう。

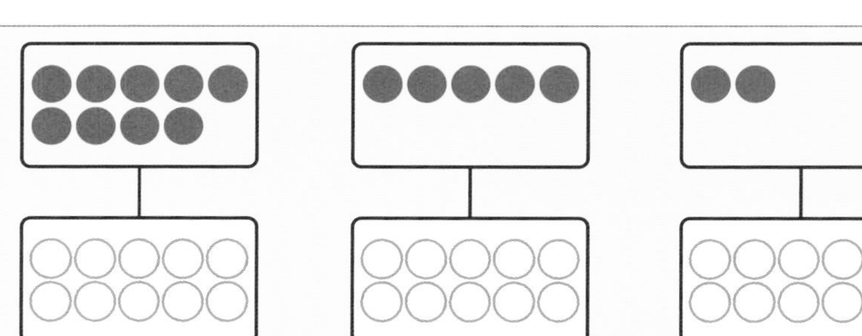

たいせつ
たして 10に なる くみあわせを おぼえよう。

1 10は いくつと いくつに なりますか。

① 1 と □

② 2 と □　　③ 3 と □

④ 4 と □　　⑤ 5 と □

⑥ 6 と □　　⑦ 7 と □

⑧ 8 と □　　⑨ 9 と □

2 あと いくつで 10に なりますか。

① 

□つ

② 

□つ

おうちのかたへ　合わせて10をつくったり，10を2つに分けたりすることを学習します。具体的な物を思い浮かべながら，視覚的にとらえられるようにしましょう。

④ 10は いくつと いくつ(2)

きほんのワーク

こたえ 3ページ

やってみよう

☆ あと いくつで 10に なりますか。□に かずを かきましょう。

① ●●●●●● と □

② ●●● と □

かんがえかた 10は,「1と9」「2と8」「3と7」「4と6」「5と5」「6と4」「7と3」「8と2」「9と1」です。しっかりと おぼえよう。

1 □に かずを かきましょう。

① 10は 4と □

② 10は 2と □

③ 10は □ と 3

④ 10は □ と 9

⑤ □ と 5で 10

⑥ □ と 1で 10

2 くるまが 10だい はしって います。トンネル(とんねる)に はいって いるのは なんだいでしょう。

① □ だい

② □ だい

③ □ だい

おうちのかたへ 2つの数をたして10になる組み合わせをしっかりと覚えることが大切です。とても重要なので，反射的にいえるようにしたいものです。

べんきょうした 日　　月　　日

まとめのテスト①

こたえ 3ページ

じかん 20ぷん

とくてん　　/100てん

1 かくれて いる かずを すうじで かきましょう。 1つ10〔30てん〕

❶ 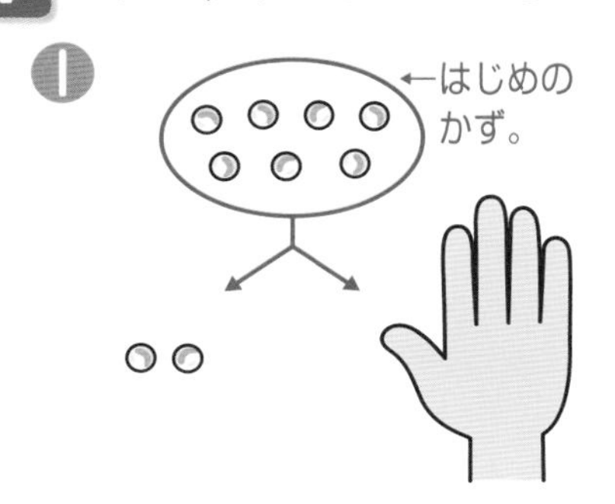

❷ 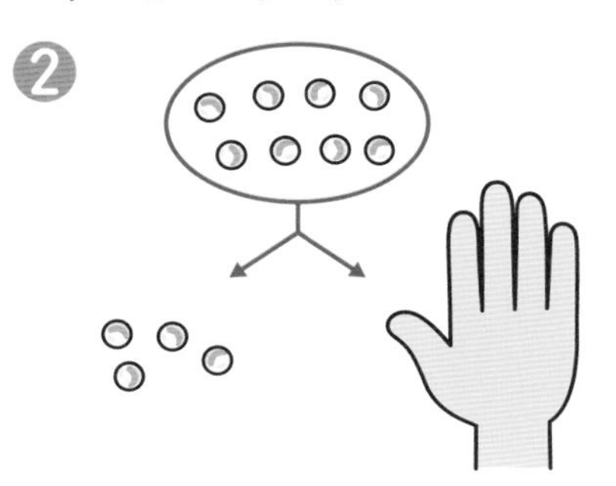

❸ 

2 □に かずを かきましょう。 1つ5〔30てん〕

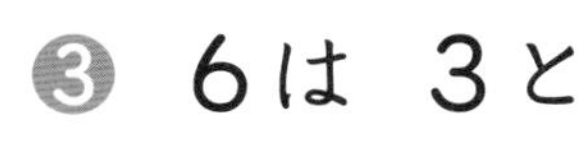 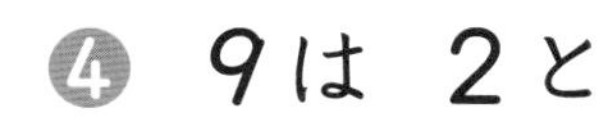  

❶ 7は 3と □　　❷ 4は 3と □

❸ 6は 3と □　　❹ 9は 2と □

❺ 8は 5と □　　❻ 5は 1と □

3 10に なるように •—• で むすびましょう。 1つ8〔40てん〕

❶ 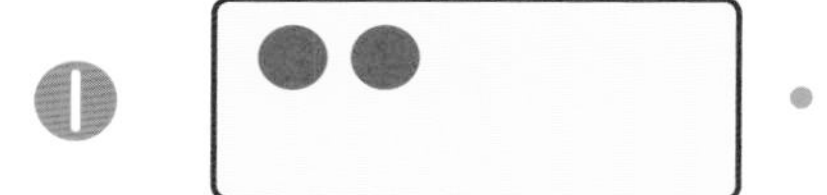　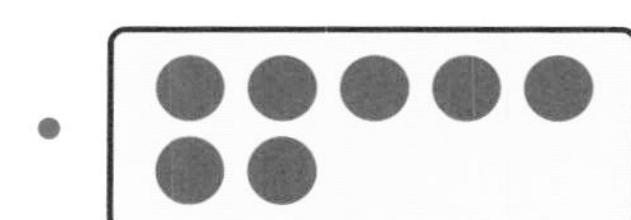

❷ 　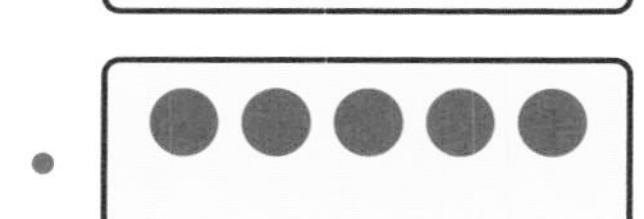

❸ 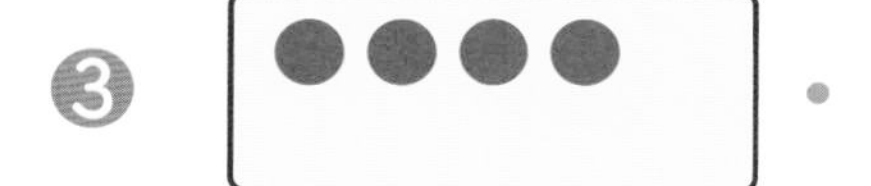　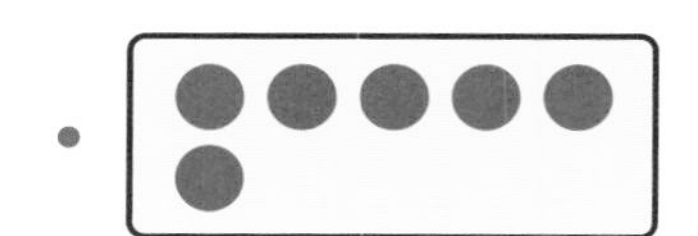

❹ 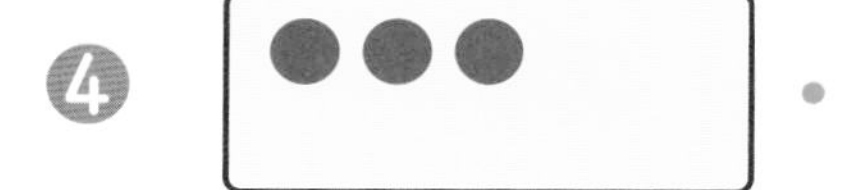　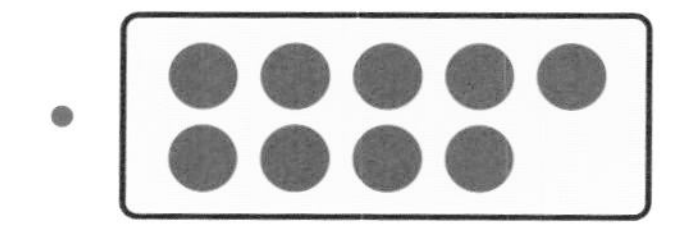

❺　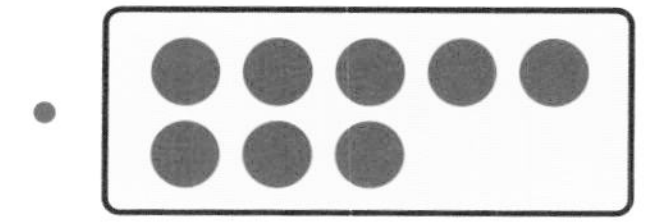

チェック
□かずを 2つに わける ことが できるかな。
□いくつと いくつで 10に なるか わかるかな。

まとめのテスト②

じかん 20ぷん　とくてん /100てん

こたえ 3ページ

1 しかくの かずを あわせると，やねの かずに なるように しましょう。　1つ5〔30てん〕

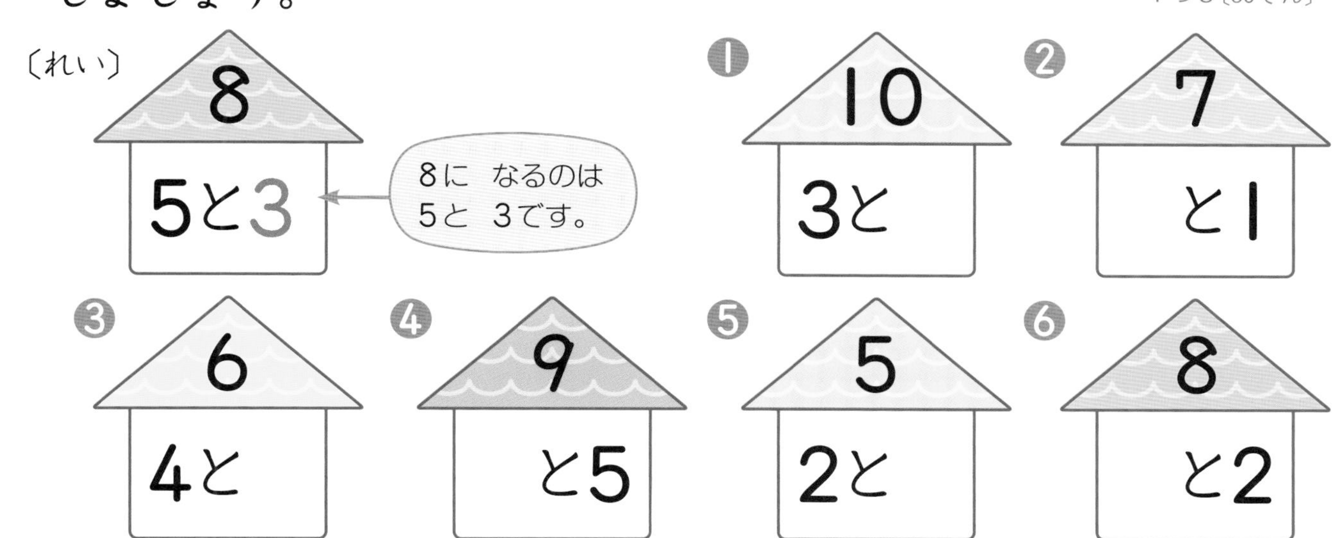

2 ケーキ(けえき)が 6こ あります。はこの なかに なんこ はいって いるでしょう。〔20てん〕

□ こ

3 うさぎが 8ひき います。こやの なかに なんびき いるでしょう。〔30てん〕

□ ひき

4 10りょうの でんしゃが トンネル(とんねる)に はいります。トンネルに はいって いるのは なんりょうでしょうか。〔20てん〕

□ りょう

□かずを 2つに わける ことが できるかな。
□ぶんしょうを ただしく よむ ことが できるかな。

べんきょうした 日 　月　 日

① あわせて いくつ

きほんのワーク

こたえ 4ページ

やってみよう

☆ いぬが 3びき，ねこが 4ひき います。
あわせて なんびき いますか。

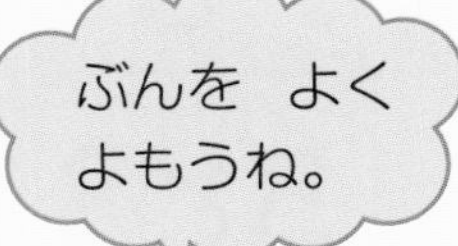

しき □ ＋ □ ＝ □

いぬの かず　ねこの かず　あわせた かず

こたえ □ ひき

たいせつ
かずを あわせる
ときは ＋(たす)の
しるしを つかって
しきを かきます。

1 ケーキ(けえき)が さらに 2つ，はこに 4つ あります。ケーキは あわせて いくつ ありますか。

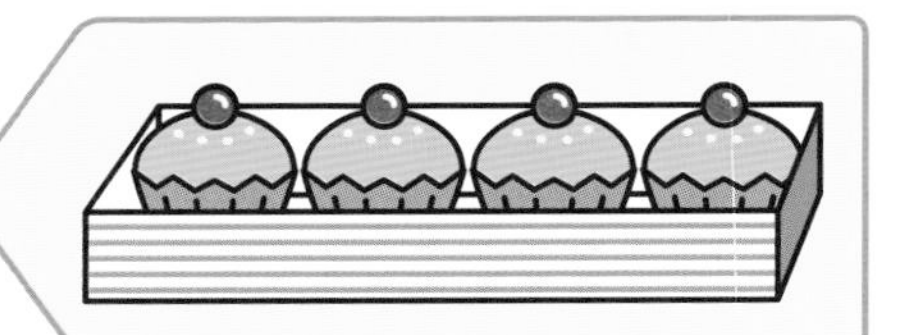

しき □ ＋ □ ＝ □　　こたえ □ つ

さらの ケーキ　はこの ケーキ　あわせた かず

2 あかい おりがみが 5まい，あおい おりがみが 4まい あります。おりがみは あわせて なんまい ありますか。

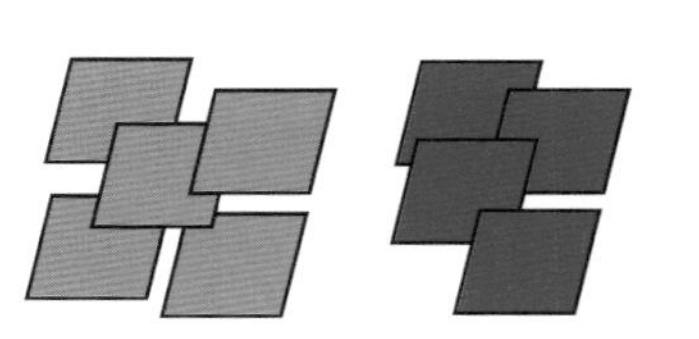

しき □ ＋ □ ＝ □

こたえ □ まい

おうちのかたへ 2つの数を合わせるときはたし算を使います。「＋」「＝」を使って式に表したり，式を見て問題の場面を理解したりすることが大切です。ブロックなどの操作で理解を促しましょう。

3 あかい　ぼうしが　2こ，きいろい　ぼうしが　3こ　あります。ぼうしは　あわせて　なんこ　ありますか。

しき　□ ＋ □ ＝ □

こたえ　□ こ

4 けずった　えんぴつが　6ぽん，けずって　いない　えんぴつが　2ほん　あります。えんぴつは　ぜんぶで　なんぼん　ありますか。

しき　□ ＋ □ ＝ □

こたえ　□ ほん

5 プリンが　さらに　1こ，はこに　4こ　あります。プリンは　あわせて　なんこ　ありますか。

たしざんの　しきに　かこう。

しき　□

こたえ　□ こ

6 りんごが　1つの　かごに　5こ，もう1つの　かごに　3こ　はいって　います。りんごは　ぜんぶで　なんこ　ありますか。

しき　□

こたえ　□ こ

べんきょうした 日　月　日

② ふえると いくつ

きほんのワーク

こたえ 4ページ

やってみよう

☆ くるまが 6だい とまって います。3だい きました。くるまは なんだいに なりましたか。

しき □ ＋ □ ＝ □

とまって いた かず　あとから きた かず　ぜんぶの かず

こたえ □ だい

たいせつ
ふえた かずを もとめる ときも たしざんを つかいます。
●●● ●●
3＋2＝5

1 かえるが 4ひき います。3びき きました。かえるは なんびきに なりましたか。

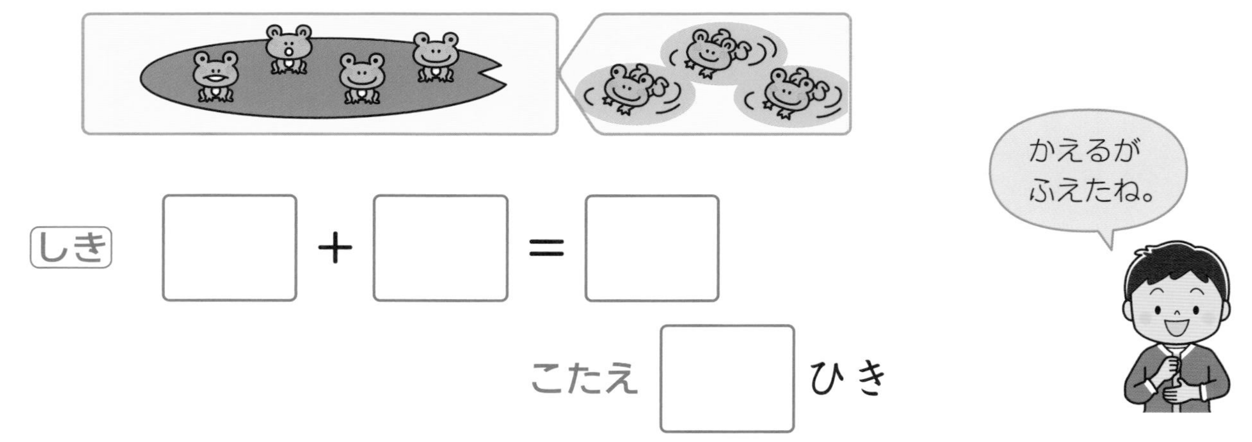

しき □ ＋ □ ＝ □

こたえ □ ひき

2 こどもが 5にん あそんで います。あとから 4にん きました。こどもは なんにんに なりましたか。

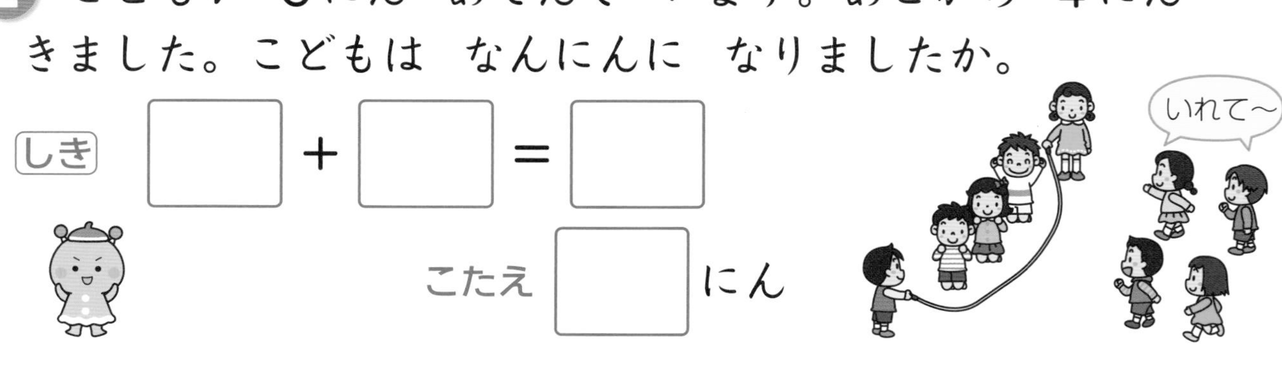

しき □ ＋ □ ＝ □

こたえ □ にん

おうちのかたへ　たし算を使う場面として「数が増える」ときを学びます。時間的な経過をともないますが，結果的には「合わせていくつ」と同じようにたし算の式で求められます。

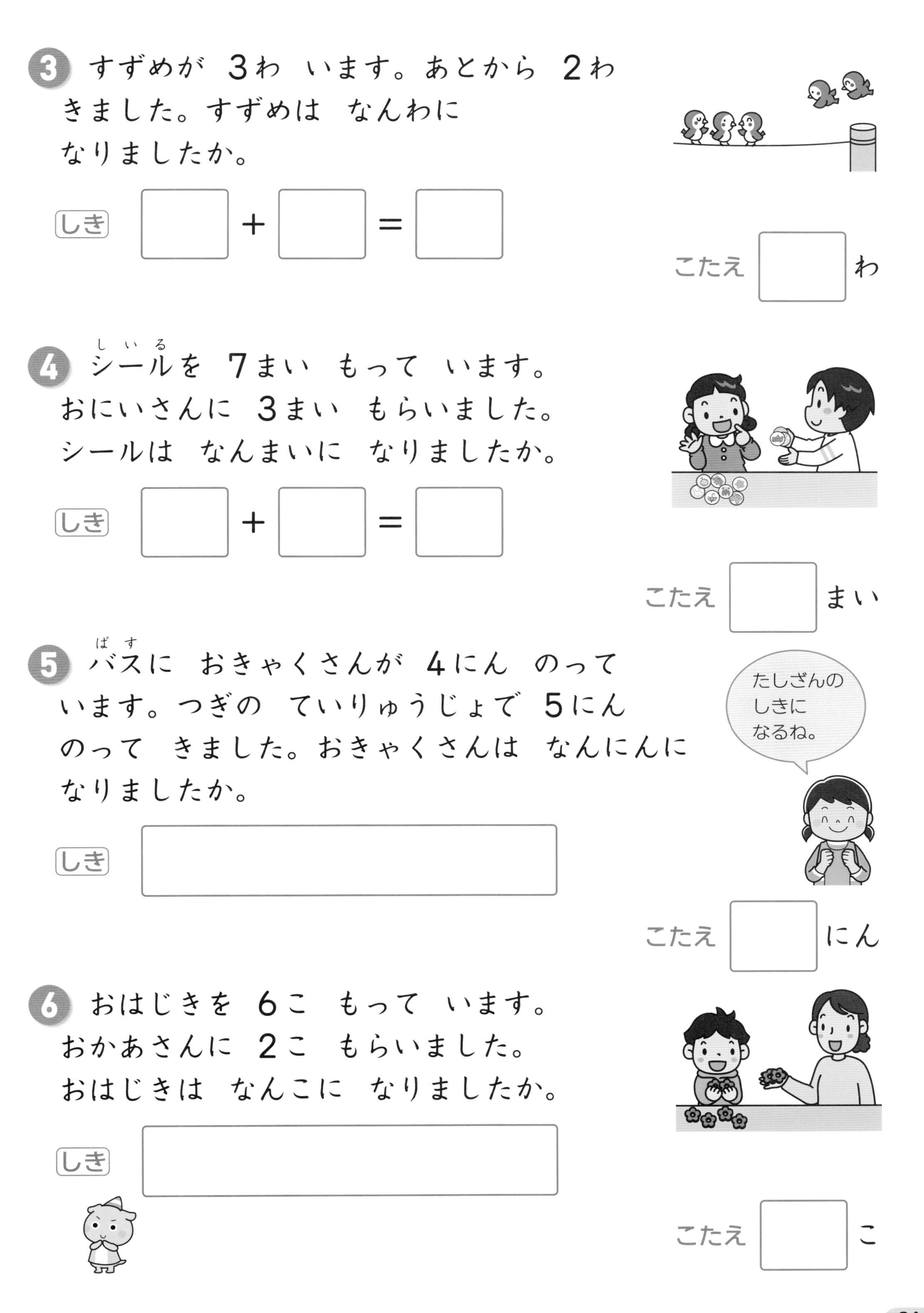

3 すずめが　3わ　います。あとから　2わ
きました。すずめは　なんわに
なりましたか。

しき　□ ＋ □ ＝ □

こたえ　□ わ

4 シール（しいる）を　7まい　もって　います。
おにいさんに　3まい　もらいました。
シールは　なんまいに　なりましたか。

しき　□ ＋ □ ＝ □

こたえ　□ まい

5 バス（ばす）に　おきゃくさんが　4にん　のって
います。つぎの　ていりゅうじょで　5にん
のって　きました。おきゃくさんは　なんにんに
なりましたか。

しき　□

こたえ　□ にん

6 おはじきを　6こ　もって　います。
おかあさんに　2こ　もらいました。
おはじきは　なんこに　なりましたか。

しき　□

こたえ　□ こ

べんきょうした 日 月 日

③ 0の たしざん
きほんのワーク

こたえ 4ページ

やってみよう

☆ たまいれを しました。1かいめは 3こ はいりました。2かいめは はいりませんでした。ぜんぶで なんこ はいりましたか。

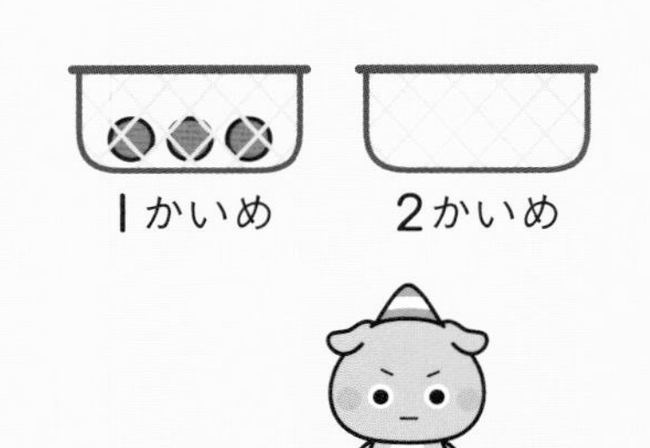

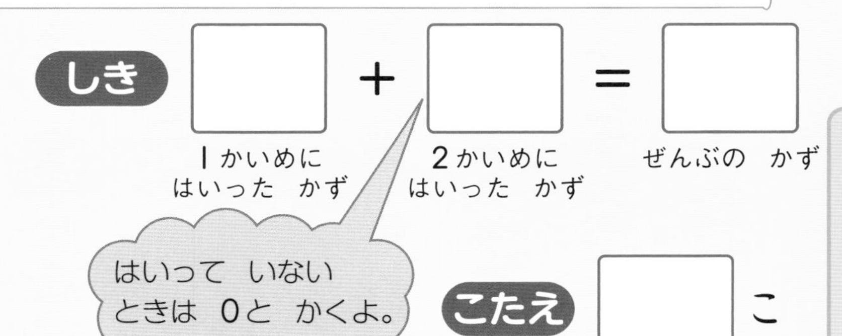

はいって いない ときは 0と かくよ。

こたえ □ こ

たいせつ
いくつかに 0を たしても，0に いくつかを たしても かずは かわりません。
〈れい〉 5+0=5
0+8=8

1 わなげを しました。1かいめは はいりませんでした。2かいめは 4つ はいりました。ぜんぶで いくつ はいりましたか。

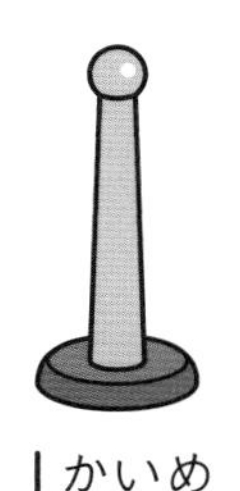

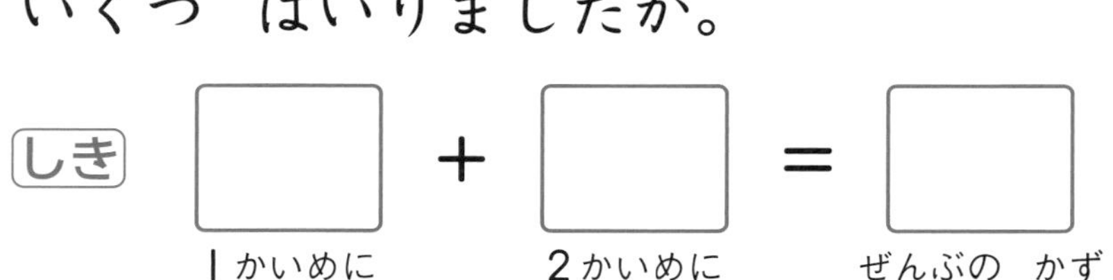

こたえ □ つ

2 きんぎょすくいで，ゆりさんは 2ひき すくいました。おとうとは 1ぴきも すくえませんでした。きんぎょは あわせて なんびき すくいましたか。

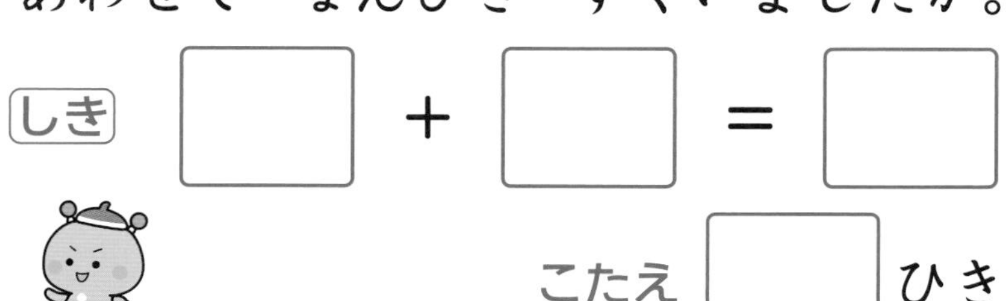

こたえ □ ひき

おうちのかたへ 0の場合も，式に表すことで場面を表現できることを学びます。0のたし算の意味は，1年生には少し難しいようなので，計算ができることにとどめてもよいでしょう。

④ しきを つくろう

きほんのワーク

こたえ 4ページ

☆ たくやさんは，くりいむぱん と あんぱん を あわせて 10こ かいました。えを みて，たしざんの しきに かきましょう。

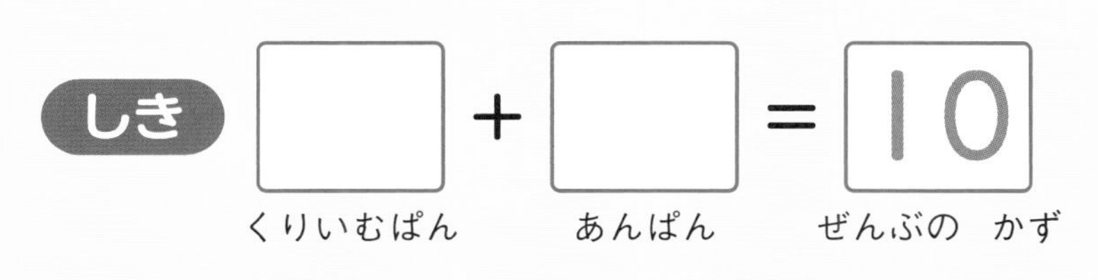

たいせつ
たしざんの しきの かきかたを しっかりと おぼえよう。

1 まみさんは，くりいむぱん と あんぱん を あわせて 10こ かいました。えを みて，たしざんの しきに かきましょう。

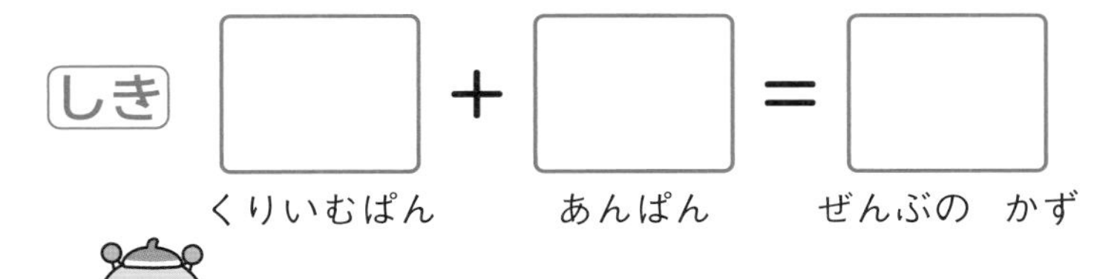

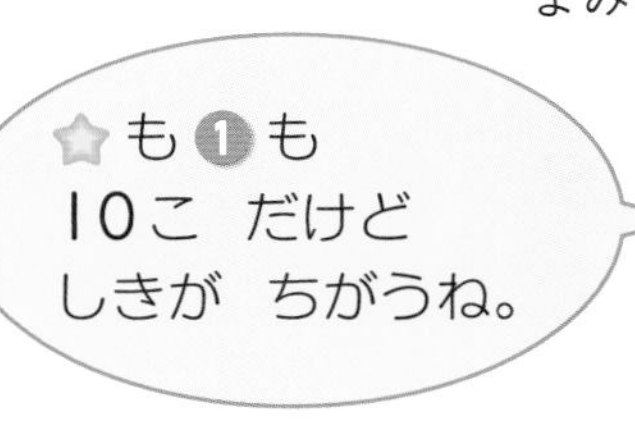

2 ゆうとさんと えりかさんは，くりいむぱん と あんぱん を かいました。たしざんの しきに かきましょう。

❶ ゆうと

しき

❷ えりか

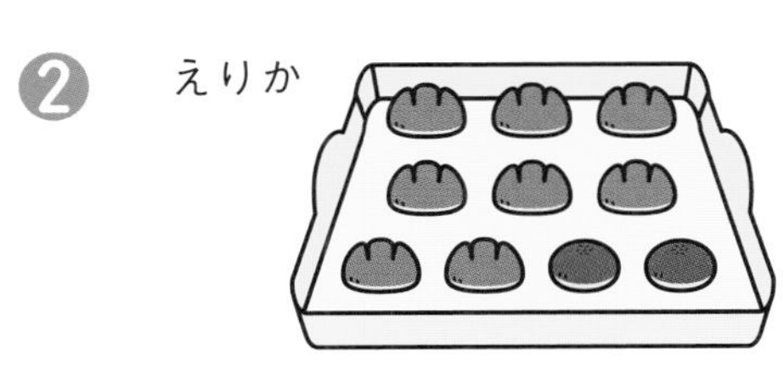

しき

おうちのかたへ　ある場面をたし算の式で表すことを学びます。文章を読むのが苦手なお子さんが増えているので，初めは問題文を一緒に読んであげてもよいでしょう。

べんきょうした 日  月　日

じかん 20 ぷん

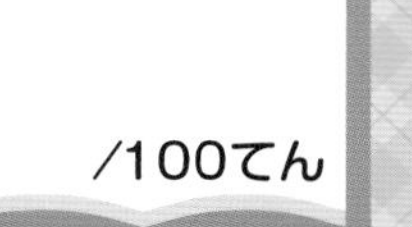

こたえ 5ページ

1 あかい　はなが　3つ，あおい　はなが　4つ　さいて　います。はなは　ぜんぶで　いくつ　さいて　いますか。　❶20，❷1つ15〔50てん〕

❶ ぶんに　あう　えは　どれですか。

あ 　い 　う 

❷ しきに　かいて　こたえましょう。

しき

こたえ　　つ

2 はとが　6わ　います。あとから　3わ　きました。はとは　みんなで　なんわに　なりましたか。　❶20，❷1つ15〔50てん〕

❶ ぶんに　あう　ずは　どれですか。

あ　い　う

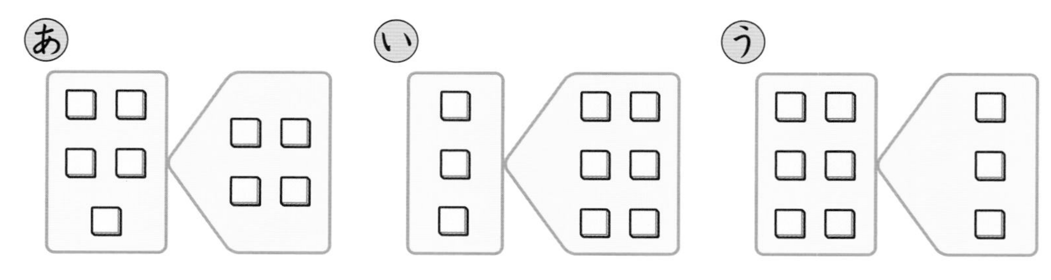

❷ しきに　かいて　こたえましょう。

しき

こたえ　　わ

□ぶんしょうを　よんで　しきを　つくる　ことが　できたかな。
□ぶんしょうに　あう　ずを　えらぶ　ことが　できたかな。

まとめのテスト②

じかん 20ぷん

とくてん　/100てん

こたえ 5ページ

1 みかんが　かごに　5こ，さらに　1こ　あります。みかんは　あわせて　なんこ　ありますか。

1つ10〔20てん〕

しき

こたえ　　こ

2 きんぎょを　3びき　かって　います。おとうさんに　2ひき　もらいました。きんぎょは　なんびきに　なりましたか。

1つ10〔20てん〕

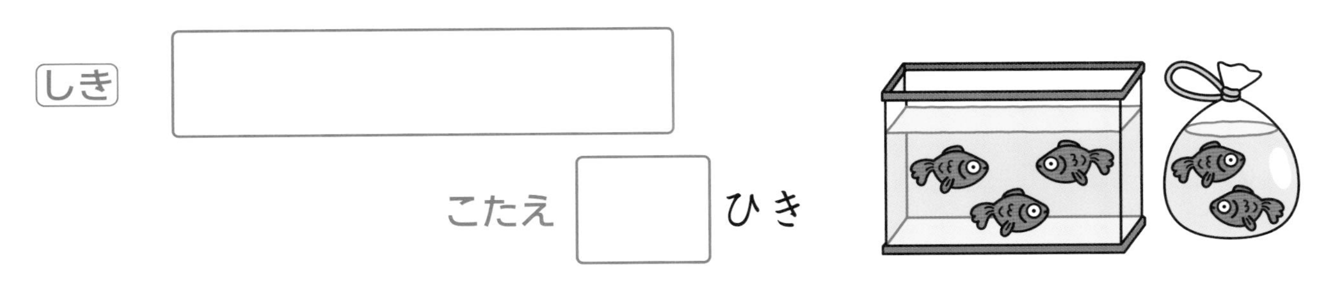

しき

こたえ　　ひき

3 よくでる　えんぴつを　まなみさんは　7ほん，いもうとは　3ぼん　もって　います。えんぴつは　ぜんぶで　なんぼん　ありますか。

1つ15〔30てん〕

しき

こたえ　　ぽん

4 さとるさんは　カード(かあど)を　4まい　もって　います。おかあさんに　6まい　もらいました。カードは　ぜんぶで　なんまいに　なりましたか。

1つ15〔30てん〕

しき

こたえ　　まい

チェック
□ぶんしょうを　よんで　しきを　つくる　ことが　できたかな。
□たしざんの　けいさんを　して　こたえが　だせたかな。

べんきょうした 日　月　日

① のこりは いくつ

きほんのワーク

こたえ 5ページ

やってみよう

☆ ケーキ(けえき)が 5こ あります。2こ たべると，のこりは なんこに なりますか。

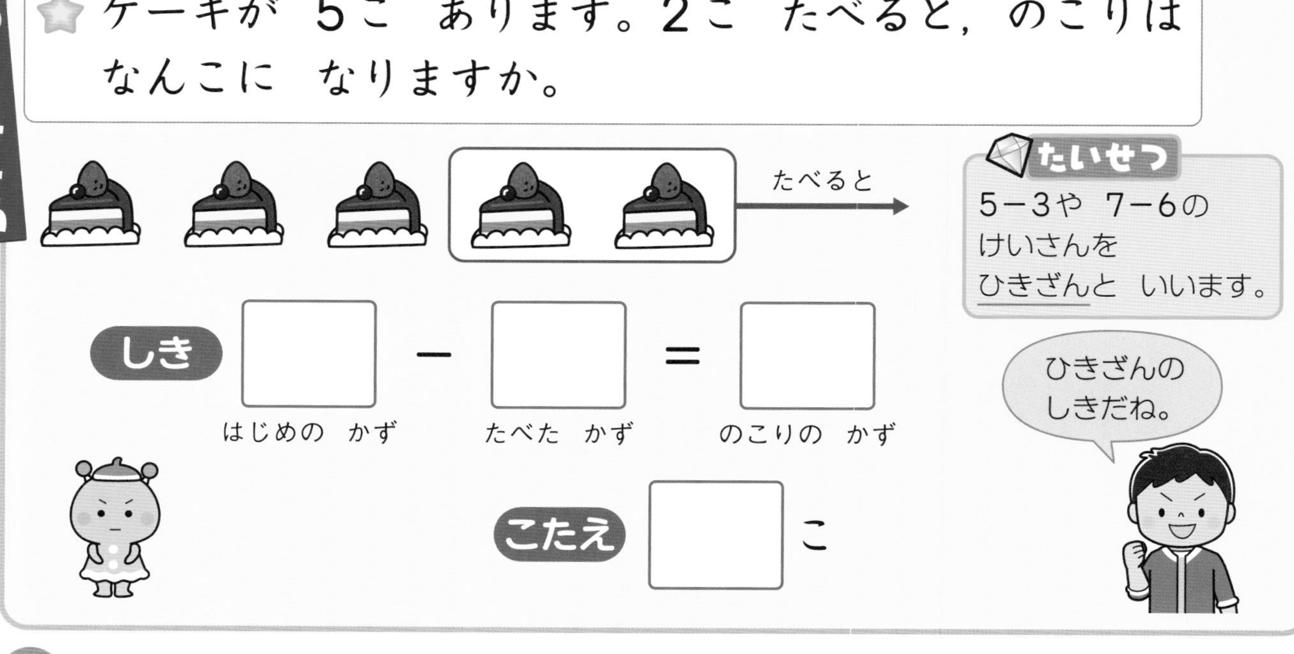

しき □ − □ = □
はじめの かず　たべた かず　のこりの かず

こたえ □ こ

1 おりがみが 8まい あります。3まい つかいました。のこりは なんまいに なりましたか。

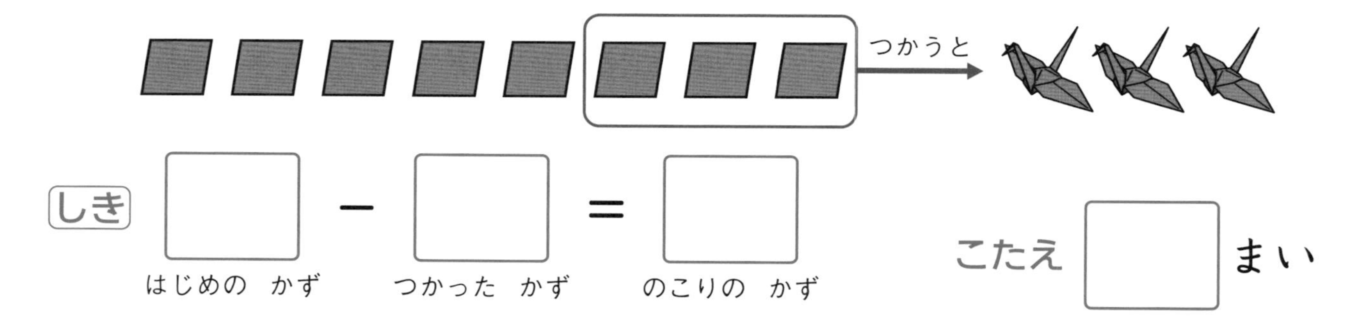

しき □ − □ = □
はじめの かず　つかった かず　のこりの かず

こたえ □ まい

2 こどもが 7にん あそんで います。4にん かえると，なんにんに なりますか。

しき □ − □ = □

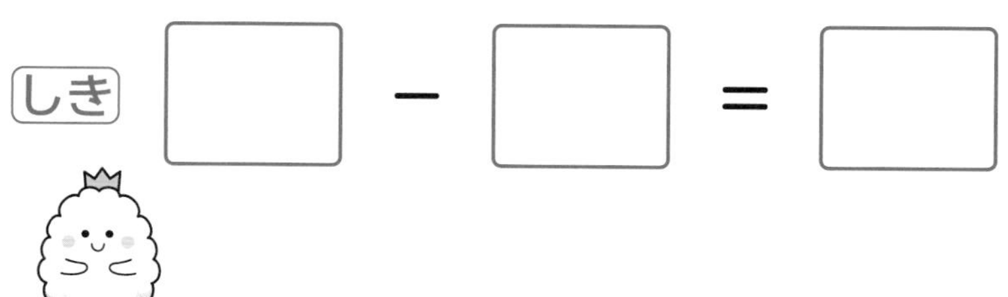

こたえ □ にん

おうちのかたへ　残りの数を求めるときには「ひき算」を使います。ひき算は，たし算に比べてつまずきが多く見られます。−(ひく)の前と後の数の関係をしっかり理解しましょう。

3 くるまが 6だい とまって
います。3だい でて いくと,
のこりは なんだいに なりますか。

しき □ − □ = □

こたえ □ だい

4 すいそうに きんぎょが 5ひき
います。1ぴき とると, のこりは
なんびきに なりますか。

しき □ − □ = □

こたえ □ ひき

5 あめが 10こ あります。4こ
たべると, のこりは なんこに
なりますか。

ひきざんの しきに かこう。

しき □

こたえ □ こ

6 ふうせんが 9こ あります。2こ われてしまいました。
のこりは なんこに なりましたか。

しき □

こたえ □ こ

べんきょうした 日　　月　　日

② いくつ おおい
きほんのワーク

こたえ 5ページ

やってみよう

☆ あかい　はなが　6ぽん，きいろい　はなが　4ほん　さいて　います。あかい　はなは，きいろい　はなより　なんぼん　おおいですか。

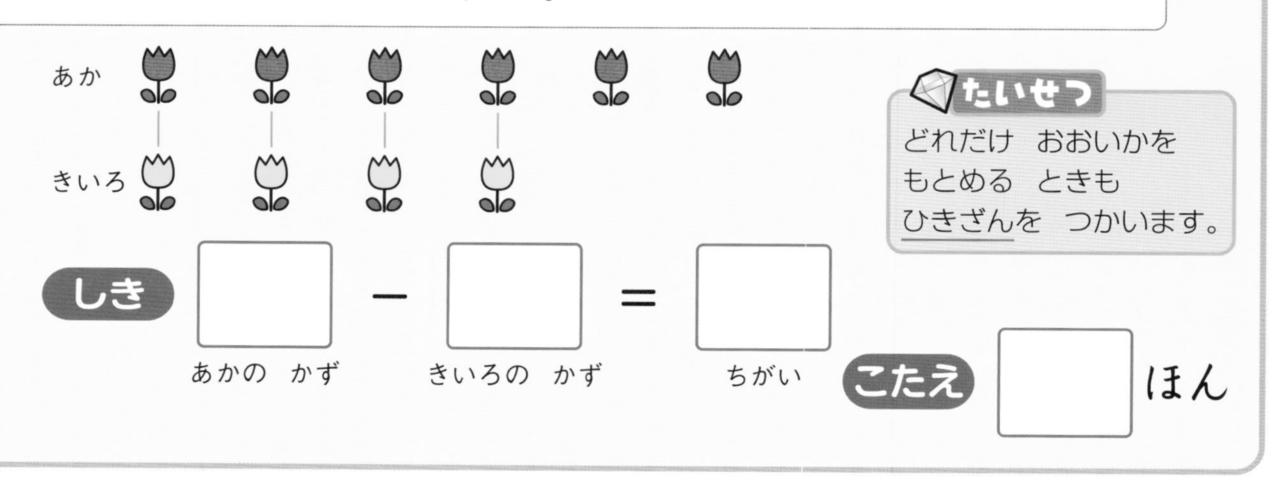

たいせつ
どれだけ　おおいかを　もとめる　ときも　ひきざんを　つかいます。

しき □ － □ ＝ □
あかの　かず　きいろの　かず　ちがい

こたえ □ ほん

1 いぬが　9ひき，ねこが　7ひき　います。いぬは　ねこより　なんびき　おおいですか。

しき □ － □ ＝ □
いぬの　かず　ねこの　かず　ちがい

こたえ □ ひき

2 りんごが　4こ，いちごが　10こ　あります。いちごは　りんごより　なんこ　おおいですか。

しき □ － □ ＝ □

こたえ □ こ

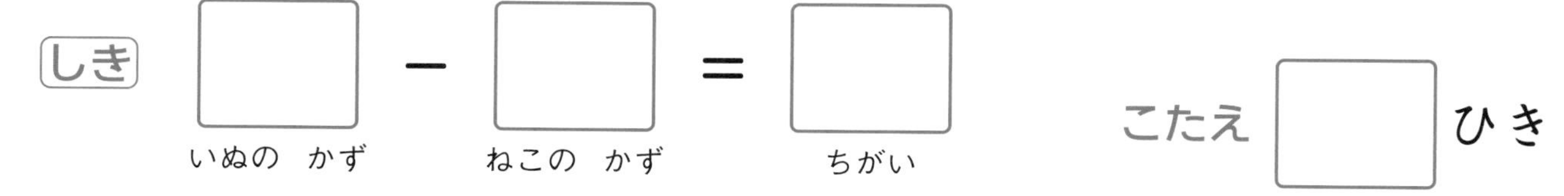

おうちのかたへ　「いくつ多い？」という２つの違いを求めるときにも，ひき算を使うことを確認します。初めは「やってみよう」の図のように，線をひいて考えるとよいでしょう。

③ ちがいは いくつ

きほんのワーク

こたえ 6ページ

やってみよう

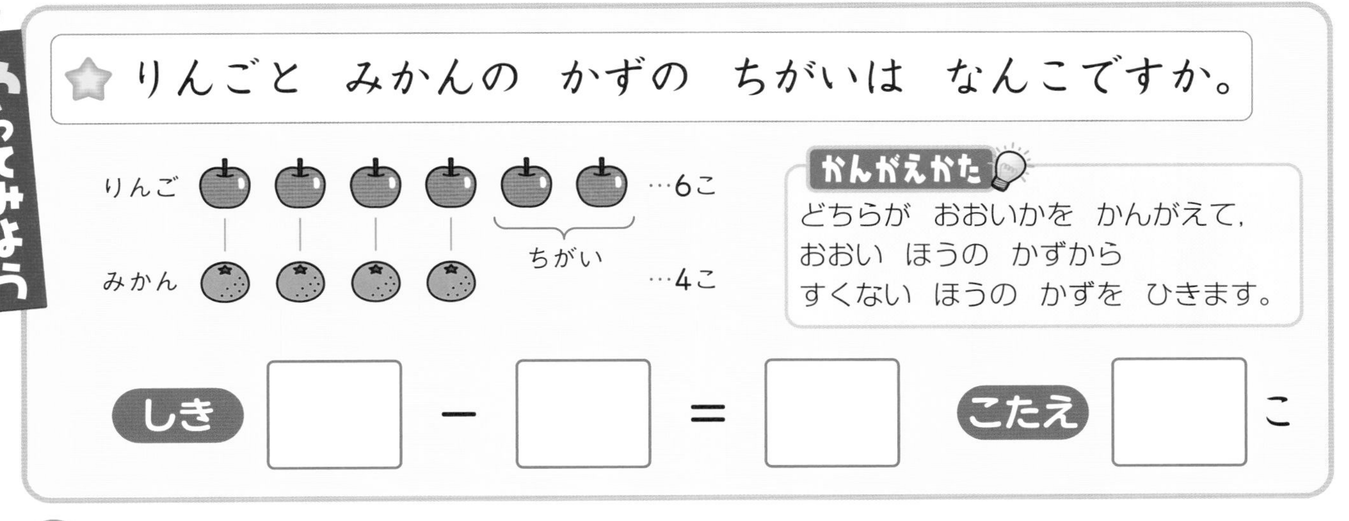

☆ りんごと みかんの かずの ちがいは なんこですか。

かんがえかた
どちらが おおいかを かんがえて，
おおい ほうの かずから
すくない ほうの かずを ひきます。

しき □ − □ ＝ □　こたえ □ こ

1 あかい くるまが 7だい，あおい くるまが 5だい とまって います。かずの ちがいは なんだいですか。

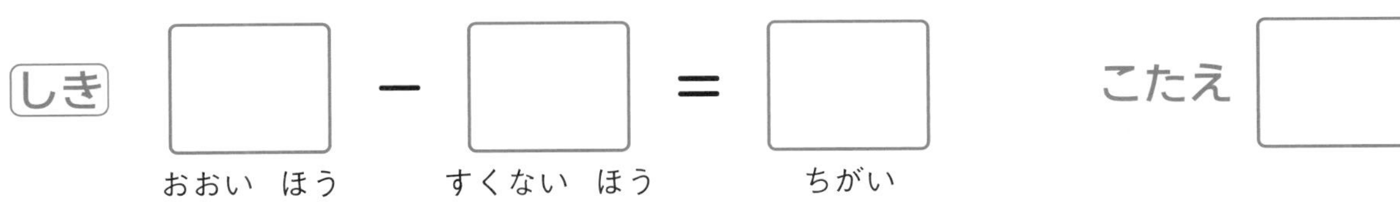

しき □ − □ ＝ □　こたえ □ だい

（おおい ほう）（すくない ほう）（ちがい）

2 いぬが 6ぴき います。ねこが 8ひき います。どちらが，なんびき おおいですか。

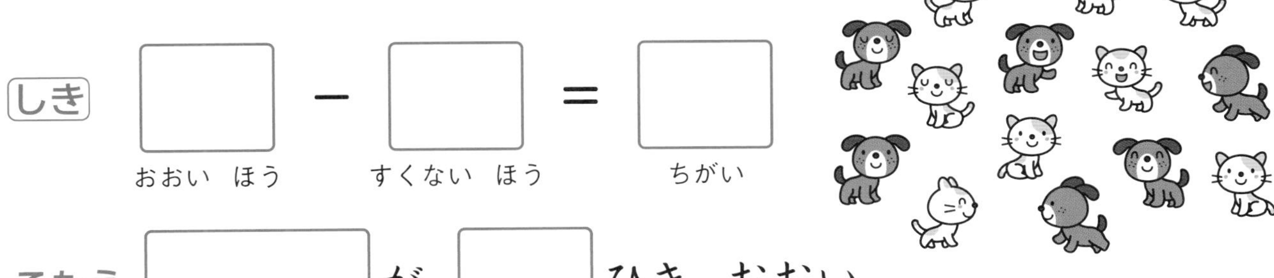

しき □ − □ ＝ □

（おおい ほう）（すくない ほう）（ちがい）

こたえ □ が □ ひき おおい。

↑おおい ほうの どうぶつを かこう。

おうちのかたへ
「数の違い」を求めるときには，多い方から少ない方をひくことを徹底します。2つの数を逆に書いてしまうことが多いので，しっかり押さえておきましょう。

べんきょうした 日　　月　　日

④ 0の ひきざん
きほんのワーク

こたえ 6ページ

やってみよう

☆ シール（しいる）が 3まい あります。のこりの シールの かずを こたえましょう。

3 － 1 ＝ 2

3 － 3 ＝ 0

3 － 0 ＝ 3

たいせつ
0を ひく けいさんの こたえは，もとの かずと おなじに なります。

1 ケーキ（けえき）が 4こ あります。

❶ 4こ たべると のこりは なんこに なりますか。

しき □ － □ ＝ □　　こたえ □ こ

❷ 1こも たべないと のこりは なんこに なるでしょう。

しき □ － □ ＝ □　　こたえ □ こ

2 わなげで さとるさんは 3つ はいりました。ゆうたさんは 1つも はいりませんでした。はいった かずの ちがいは いくつですか。

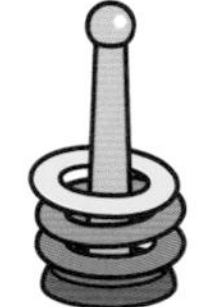 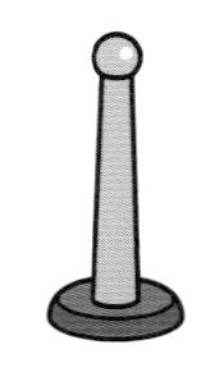

しき □ － □ ＝ □　　こたえ □ つ

おうちのかたへ
0のひき算では，0をひく場合（4－0＝4）と，答えが0になる場合（4－4＝0）の2つがあります。0をひくことは，0をたすこと以上に理解しづらいので，注意しましょう。

⑤ しきを つくろう
きほんのワーク

こたえ 6ページ

やってみよう

☆いろがみを　ひとりに　10まいずつ　くばりました。
のこりの　いろがみの　まいすうを　こたえましょう。

ぼくは　5まい つかった！　　□ − □ = □

わたしは　7まい つかったよ。　　□ − □ = □

ぼくは　ぜんぶ つかっちゃった。　　□ − □ = □

1 ゆうえんちに　9にんで　いきました。
おとなは　4にんでした。
こどもは　なんにんでしたか。

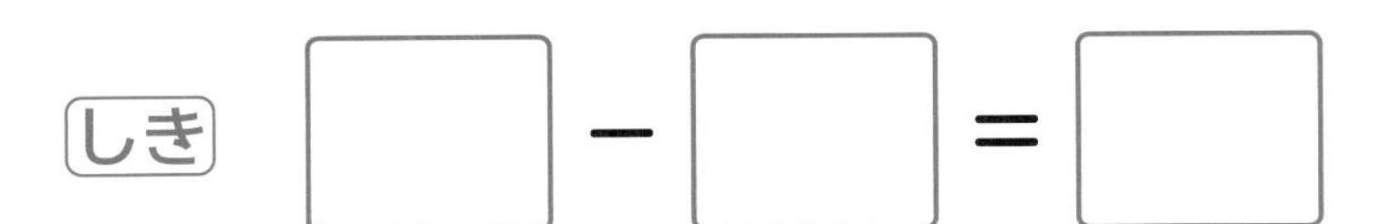

しき　□ − □ = □

こたえ　□ にん

2 しろい　うさぎが　7ひき，ちゃいろい　うさぎが　5ひき
います。どちらが　なんびき　おおいですか。

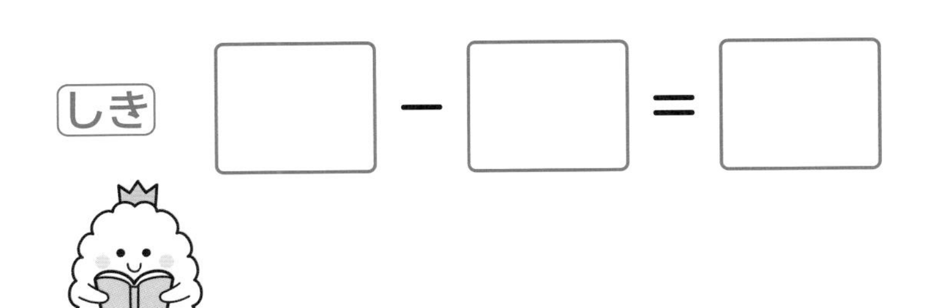

しき　□ − □ = □

こたえ　□い　うさぎが　□ ひき　おおい。

おうちのかたへ
ひき算の場面を式に表すことを学びます。1は求補(きゅうほ)とよばれる問題です。全体から大人の人数をひいた答えが子どもの人数になります。

べんきょうした 日　月　日

まとめのテスト①

とくてん　/100てん

こたえ 6ページ

1 ケーキ（けえき）が 6こ あります。2こ たべると，のこりは なんこですか。

❶20，❷1つ15〔50てん〕

❶ ぶんに あう えは どれですか。

❷ しきに かいて こたえましょう。

2 いちごが 3こ，みかんが 7こ あります。どちらが なんこ おおいですか。

❶20，❷1つ10〔50てん〕

❶ ぶんに あう えは どちらですか。

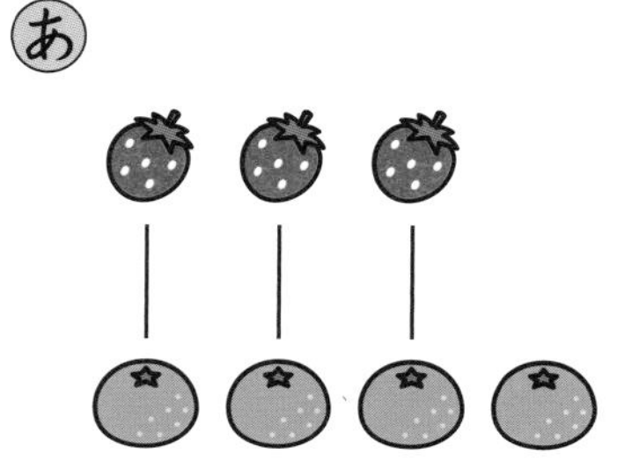

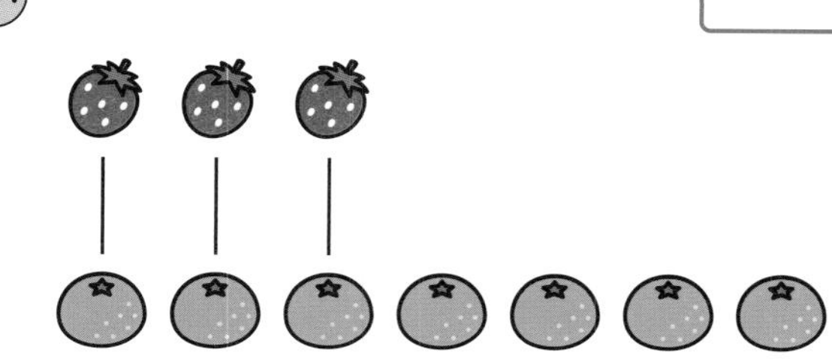

❷ しきに かいて こたえましょう。

かずの おおい ほうから
すくない ほうを
ひくんだね。

しき

こたえ　　が　　こ おおい。

□ぶんしょうを よんで しきを つくる ことが できたかな。
□ぶんしょうに あう えを えらぶ ことが できたかな。

まとめのテスト②

こたえ 6ページ

とくてん　/100てん

1 よくでる えんぴつが 8ほん あります。5ほん つかうと，のこりは なんぼんですか。

1つ10〔20てん〕

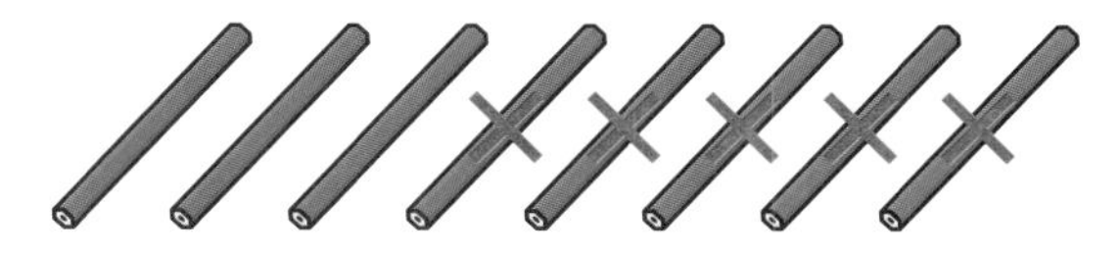

しき

こたえ □ ぼん

2 よくでる はとが 4わ，すずめが 7わ います。どちらが なんわ おおいですか。

1つ10〔30てん〕

しき

こたえ □ が □ わ おおい。

3 さかなを 9ひき つりました。その うち ちいさい さかなを 2ひき にがしました。さかなは なんびきに なりましたか。

1つ10〔20てん〕

しき

こたえ □ ひき

4 あかい はなと きいろい はなが あわせて 10ぽん さいて います。あかい はなは 6ぽん さいて います。きいろい はなは なんぼん さいて いますか。

1つ15〔30てん〕

しき

こたえ □ ほん

チェック✓
□ぶんしょうを よんで しきを つくる ことが できたかな。
□ひきざんの けいさんを して こたえが だせたかな。

べんきょうした 日　月　日

① しらべよう
きほんのワーク

こたえ 7ページ

☆ おやつの　かずだけ，えに　いろを　ぬりましょう。

たいせつ
もののかずを　せいりすると　おおい　すくないが　わかりやすく　なります。

1 えの　かずを　しらべて，えに　いろを　ぬりましょう。

2 ほんだなの　ほんを　しらべて，ほんの　かずだけ　いろを　ぬりました。

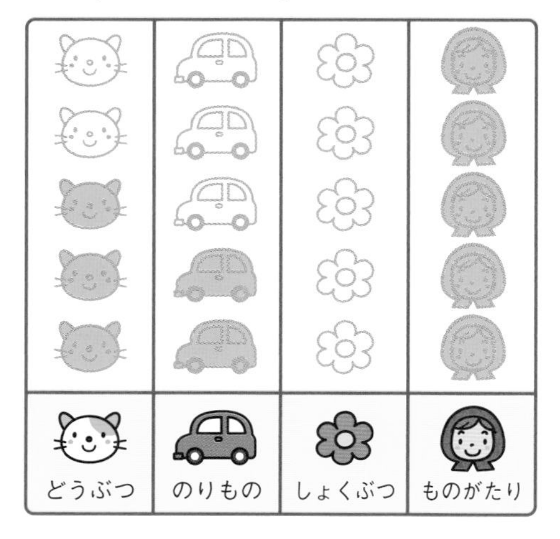

❶ どの　ほんが　いちばん　おおいですか。◯を　つけましょう。

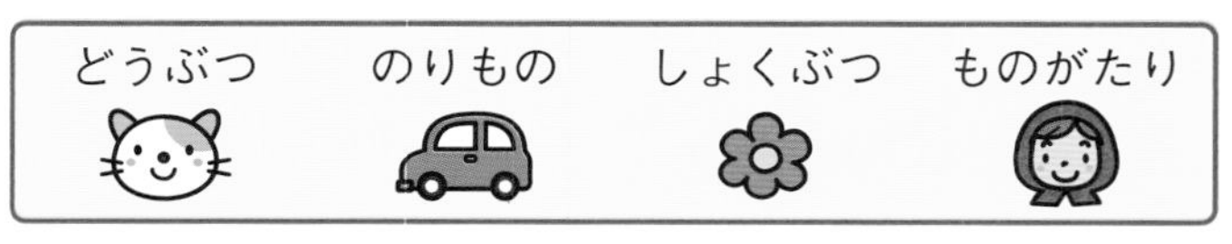

❷ どうぶつの　ほんは　なんさつ　ありますか。　□ さつ

❸ ほんだなに　ないのは　どの　ほんですか。

おうちのかたへ　物の数を整理すると，「多い・少ない」がわかりやすくなります。２年生で学ぶ表とグラフの学習につながります。

まとめのテスト

じかん 20ぷん

とくてん　/100てん

こたえ 7ページ

1 つくえの　うえの　くだものの　かずを　しらべます。

❶ぜんぶできて20，❷❸10〔40てん〕

❶ くだものの　かずだけ　えに　いろを　ぬりましょう。

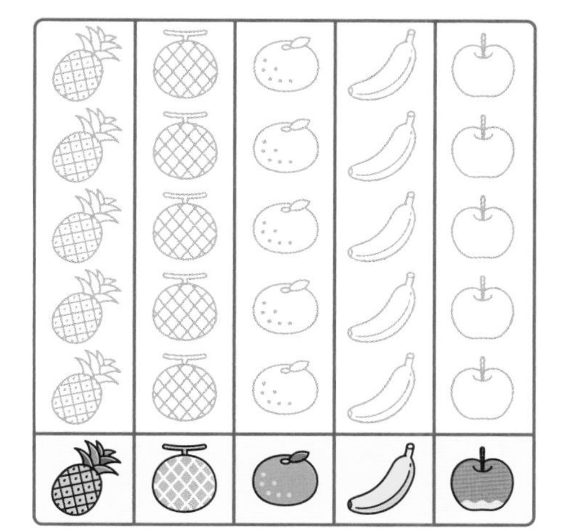

❷ いちばん　かずの　おおい　くだものは　どれですか。◯を　つけましょう。

❸ いちばん　かずの　すくない　くだものは　どれですか。

2 おみせの　たなを　しらべて，おかしの　かずだけ　いろを　ぬりました。

1つ15〔60てん〕

だんご	せんべい	あめ	プリン

❶ どの　おかしが　いちばん　おおいですか。

❷ だんごは　なんぼん　ありますか。　　ほん

❸ プリン（ぷりん）は　なんこ　ありますか。　　こ

❹ せんべいは　プリンより　いくつ　おおいですか。　　つ　おおい。

□かずを　かぞえて　いろを　ぬる　ことが　できるかな。
□いろを　ぬった　えを　みて　もんだいが　とけたかな。

べんきょうした 日　　月　　日

① 15までの かず

きほんのワーク

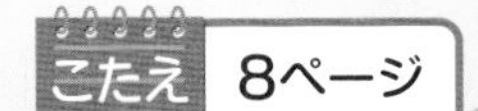
こたえ 8ページ

☆ えを みて，かずを すうじで かきましょう。

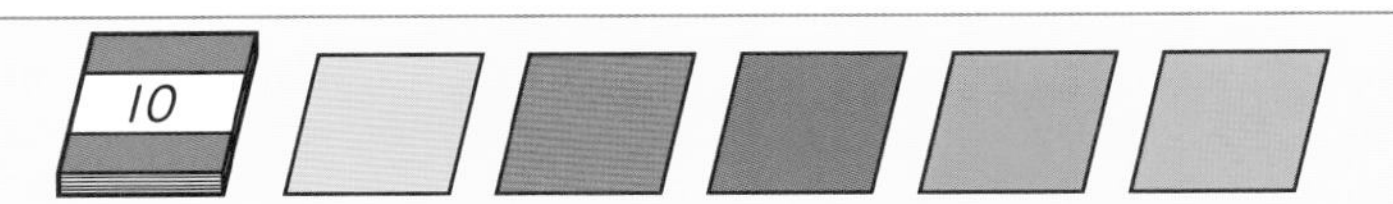

じゅう 10と [ご] で [じゅうご]

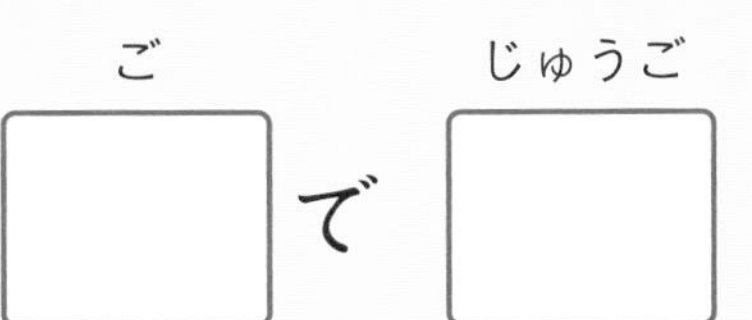

10と 5で 15と かき
「じゅうご」と よみます。

1 かずを すうじで かきましょう。

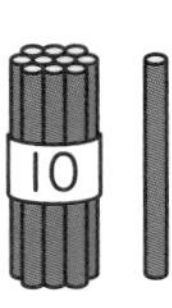
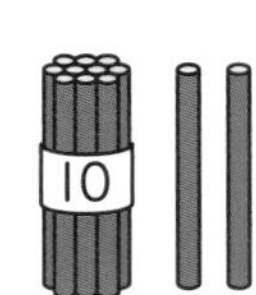
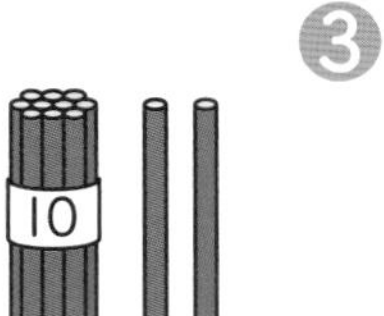
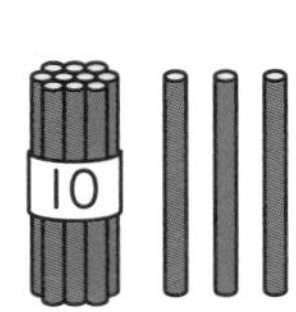
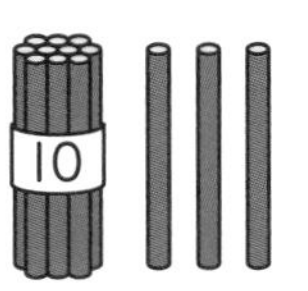
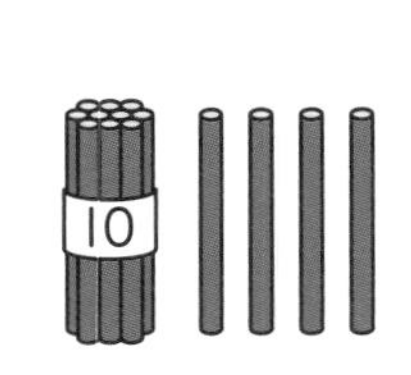
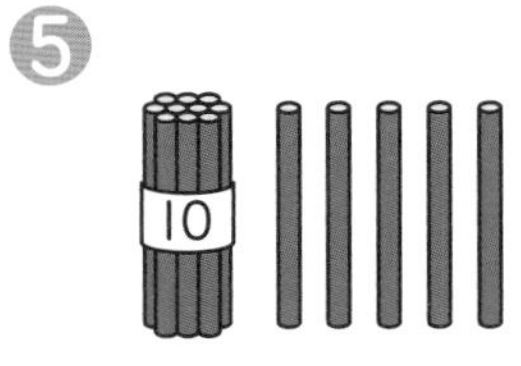

❶ じゅういち [ ]
❷ じゅうに [ ]
❸ じゅうさん [ ]
❹ じゅうし [ ]
❺ じゅうご [ ]

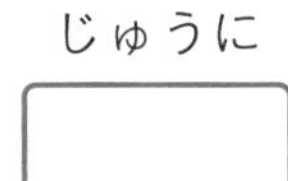

2 えを みて，かずを すうじで かきましょう。

❶
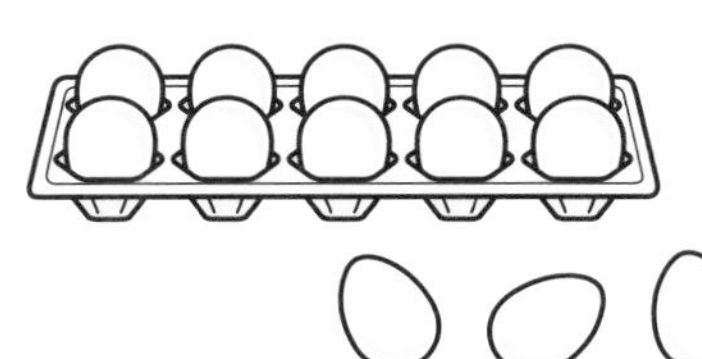

❷
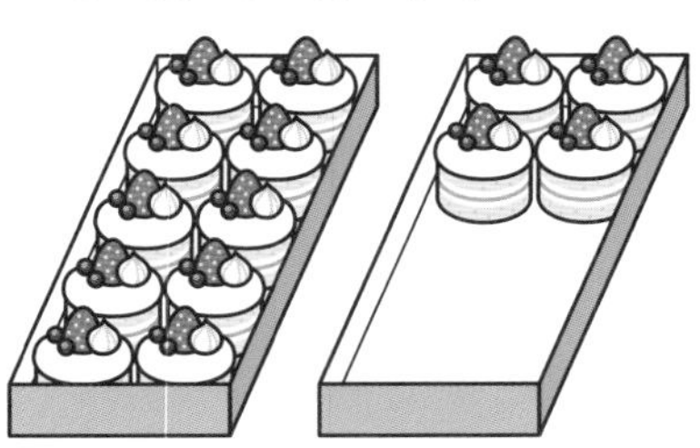

❸
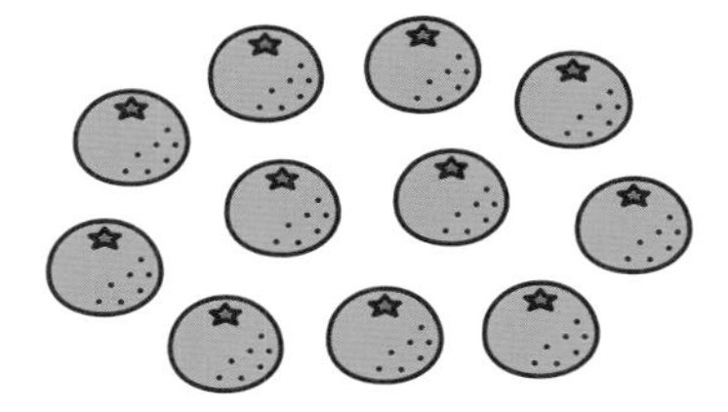

❹
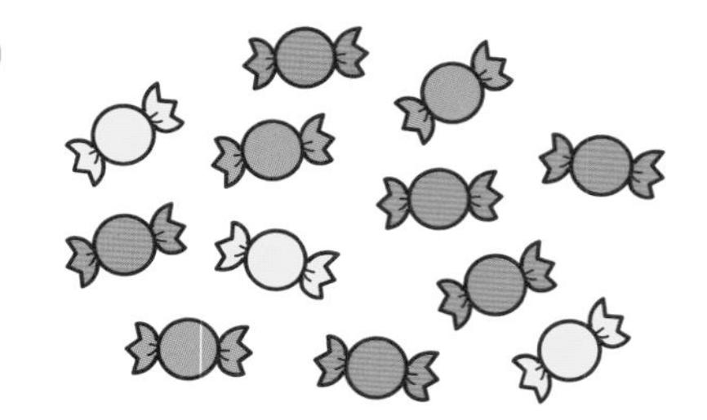

おうちのかたへ　ここでは11から15までの数を学びます。「10のまとまり」をつくり，10と「ばらがいくつ」と分けて考えます。

② 20までの かず

きほんのワーク

こたえ 8ページ

☆ えを みて，かずを すうじで かきましょう。

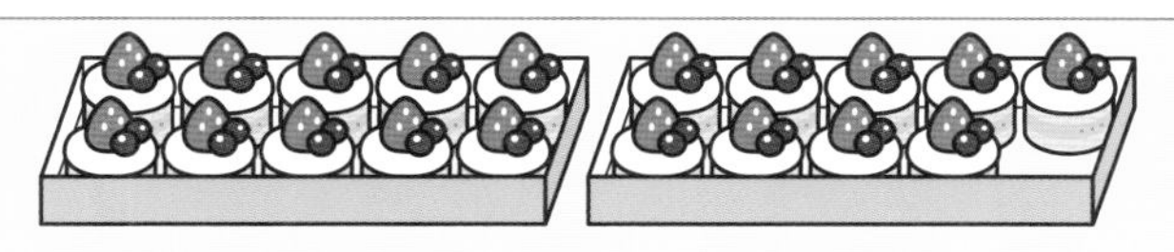

10（じゅう）と □（く） で □（じゅうく）

かんがえかた
10より おおきい かずは 10と いくつに なるかを かんがえます。

1 かずを すうじで かきましょう。

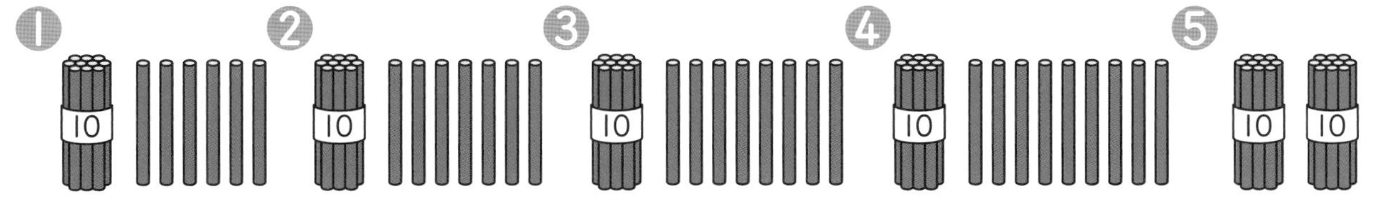

① じゅうろく □　② じゅうしち □　③ じゅうはち □　④ じゅうく □　⑤ にじゅう □

2 えを みて，かずを すうじで かきましょう。

①

□

②

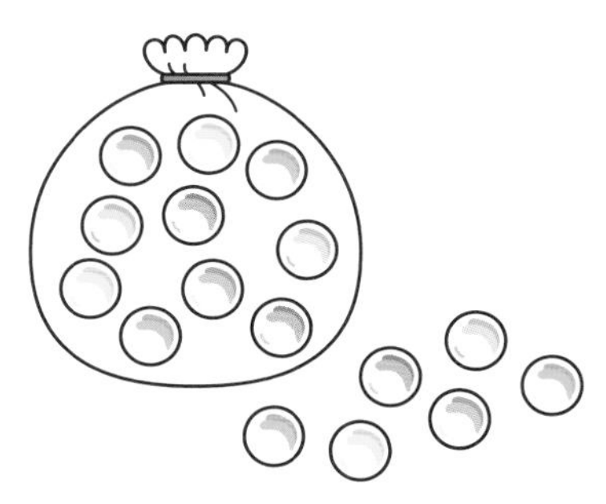

□

③

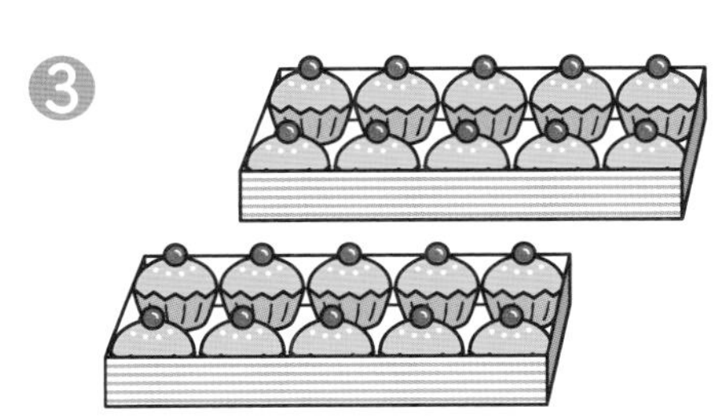

□

④

□

16から20までの数を学びます。1つずつチェックしたり，10のまとまりを線で囲んだりして数えて，正確に数えられるようにします。

べんきょうした 日　　月　　日

③ かずのせん（1）

きほんのワーク

こたえ 8ページ

やってみよう

☆ かずのせんを　みて　こたえましょう。

0　1　2　3　4　5　6　7　8　9　10　11　12　13　14　15　16　17　18　19　20

❶ 10より　2　おおきい　かず　□

❷ 20より　5　ちいさい　かず　□

かずを　せんの
うえに　あらわした
ものを
「かずのせん」と
いいます。

1 かずのせんを　みて　こたえましょう。

0　1　2　3　4　5　6　7　8　9　10　11　12　13　14　15　16　17　18　19　20

❶ 10より　4　おおきい　かず　□

❷ 12より　5　おおきい　かず　□

❸ 9より　6　おおきい　かず　□

❹ 18より　2　ちいさい　かず　□

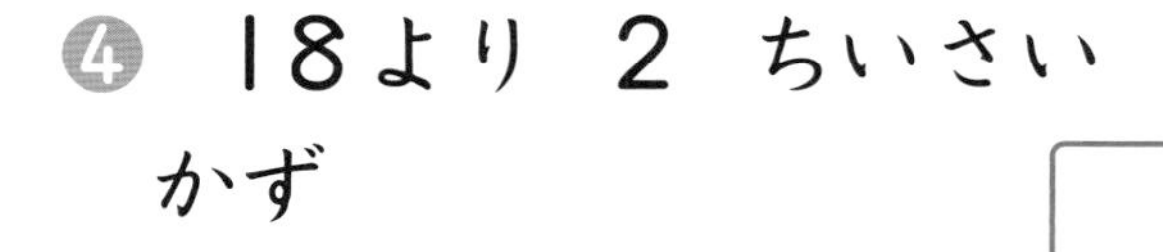

❺ 20より　1　ちいさい　かず　□

❻ 13より　3　ちいさい　かず　□

2 かずの　おおきい　ほうに　◯を　つけましょう。

❶

❷

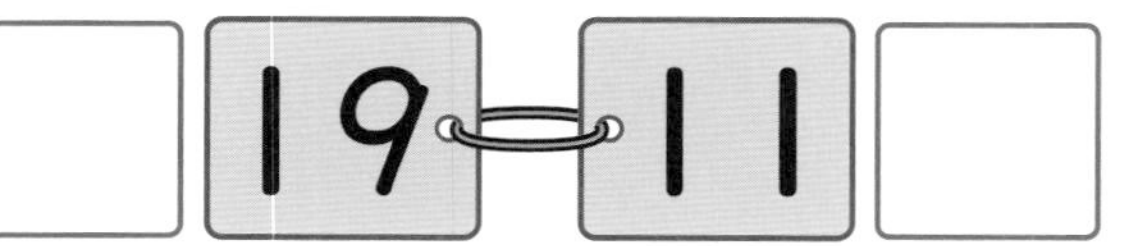

おうちのかたへ　10より大きい数の並び方を学びます。数の線（数直線）は右に向かっていくほど，数が大き
くなり，同じ間隔で並んでいることを押さえましょう。

④ かずのせん (2)

きほんのワーク

こたえ 8ページ

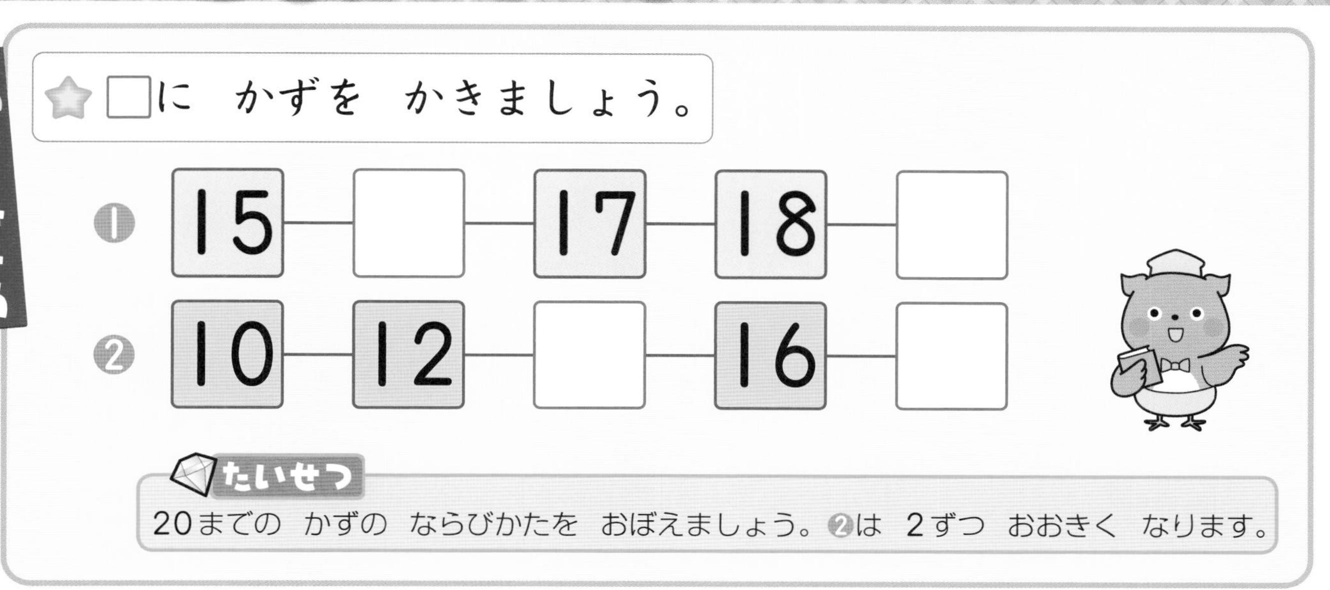

やってみよう

☆ □に　かずを　かきましょう。

❶ 15 ― □ ― 17 ― 18 ― □

❷ 10 ― 12 ― □ ― 16 ― □

たいせつ
20までの　かずの　ならびかたを　おぼえましょう。❷は　2ずつ　おおきく　なります。

1 かずのせんで，❶から　❺の　かずを　かきましょう。

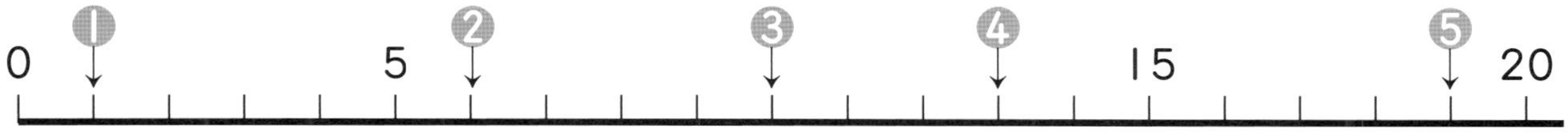

0　　5　　15　　20

(❶ ❷ ❸ ❹ ❺ のやじるし)

❶ □　❷ □　❸ □　❹ □　❺ □

2 □に　かずを　かきましょう。

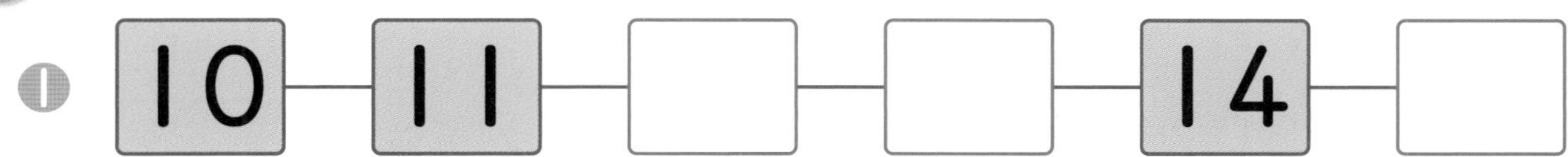

❶ 10 ― 11 ― □ ― □ ― 14 ― □

❷ 15 ― □ ― 13 ― 12 ― □ ― 10

❸ 15 ― □ ― 17 ― 18 ― □ ― 20

❹ 6 ― □ ― 10 ― □ ― 14 ― 16

おうちのかたへ
数の線は，数の大小を比べるときにも便利です。いろいろな場面で，数の線を活用する習慣をつけておきましょう。

べんきょうした 日　　月　　日

⑤ たしざん
きほんのワーク

こたえ 8ページ

やってみよう

☆ ケーキ(けえき)が はこに 10こ，さらに 3こ あります。
ケーキは あわせて なんこ ありますか。

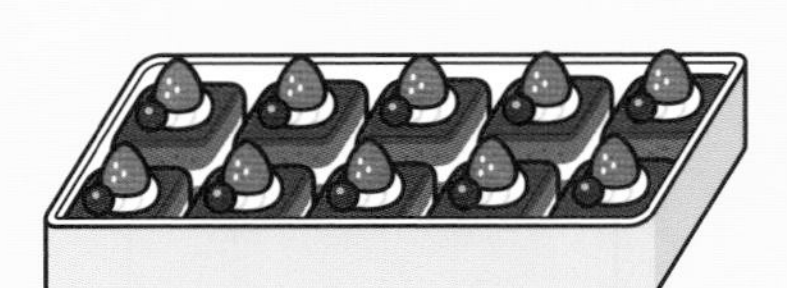
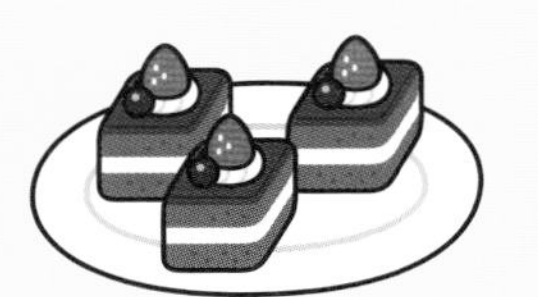

しき 10 ＋ 3 ＝ □　こたえ □ こ

❶ りんごは ぜんぶで なんこに なりますか。

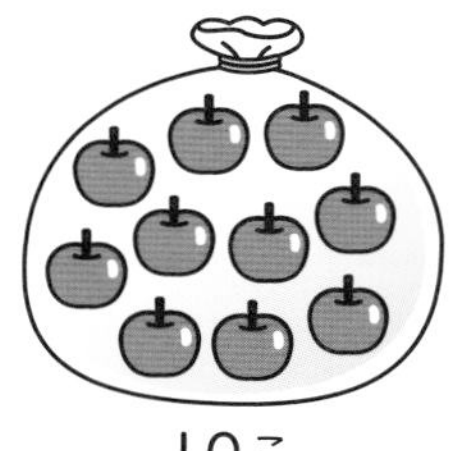
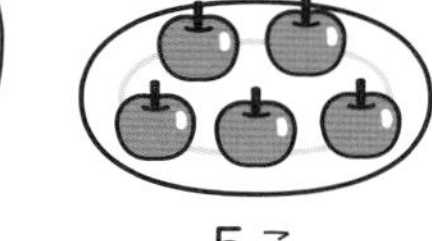

10こ　5こ

しき □ ＋ □ ＝ □

こたえ □ こ

❷ えんぴつは ぜんぶで なんぼんに なりますか。

12ほん　3ぼん

しき □ ＋ □ ＝ □

こたえ □ ほん

❸ シール(しいる)が 17まい あります。1まい もらうと，ぜんぶで なんまいに なりますか。

しき □

こたえ □ まい

おうちのかたへ　10より大きい数のたし算は，「10といくつ」と考えて計算すれば，計算できることを学習します。

⑥ ひきざん きほんのワーク

こたえ 9ページ

やってみよう

☆ たまごが 15こ あります。5こ つかうと, のこりは なんこに なりますか。

かんがえかた
15は 10と5。5を とると のこりは 10

しき 15 − 5 = □ こたえ □ こ

① みかんが 17こ あります。7こ たべると, のこりは なんこに なりますか。

しき □ − □ = □

こたえ □ こ

② いろがみが 14まい あります。2まい つかうと, のこりは なんまいに なりますか。

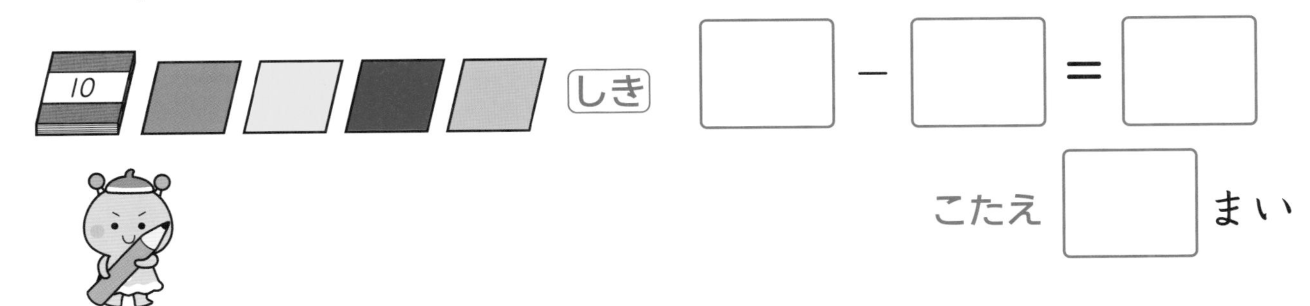

しき □ − □ = □

こたえ □ まい

③ えんぴつが 16ぽん あります。ともだちに 2ほん あげると, のこりは なんぼんに なりますか。

しき □

こたえ □ ほん

おうちのかたへ
10のまとまりを考えてひき算をします。ひき算も, たし算と同じように, 「10といくつ」になるか, と考えることが大切です。

べんきょうした 日 月 日

まとめのテスト①

こたえ 9ページ

じかん 20ぷん

とくてん /100てん

1 □に かずを かきましょう。 1つ7〔42てん〕

❶ 10に 3を たした かずは □

❷ 12に 2を たした かずは □

❸ 14に 4を たした かずは □

❹ 13から 3を ひいた かずは □

❺ 17から 2を ひいた かずは □

❻ 19から 4を ひいた かずは □

かずのせんで
かんがえても
いいね。

2 よくでる きんぎょが おおきい すいそうに 10ぴき，ちいさい すいそうに 4ひき います。あわせて なんびき いますか。 1つ14〔28てん〕

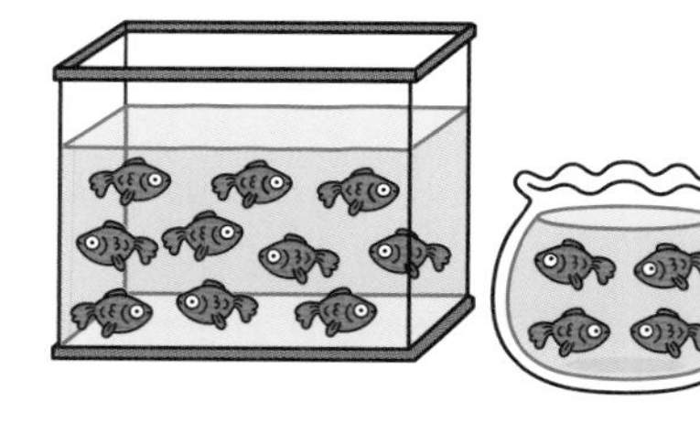

しき

こたえ □ ひき

3 いろがみが 15まい あります。2まい つかうと，のこりは なんまいに なりますか。 1つ15〔30てん〕

しき

こたえ □ まい

□10より おおきい かずの たしざんや ひきざんが できたかな。
□ぶんしょうを よんで しきを つくる ことが できたかな。

まとめのテスト②

こたえ 9ページ

とくてん
/100てん

1 3つの　かずを　ちいさい　じゅんに　ならべましょう。

1つ10〔40てん〕

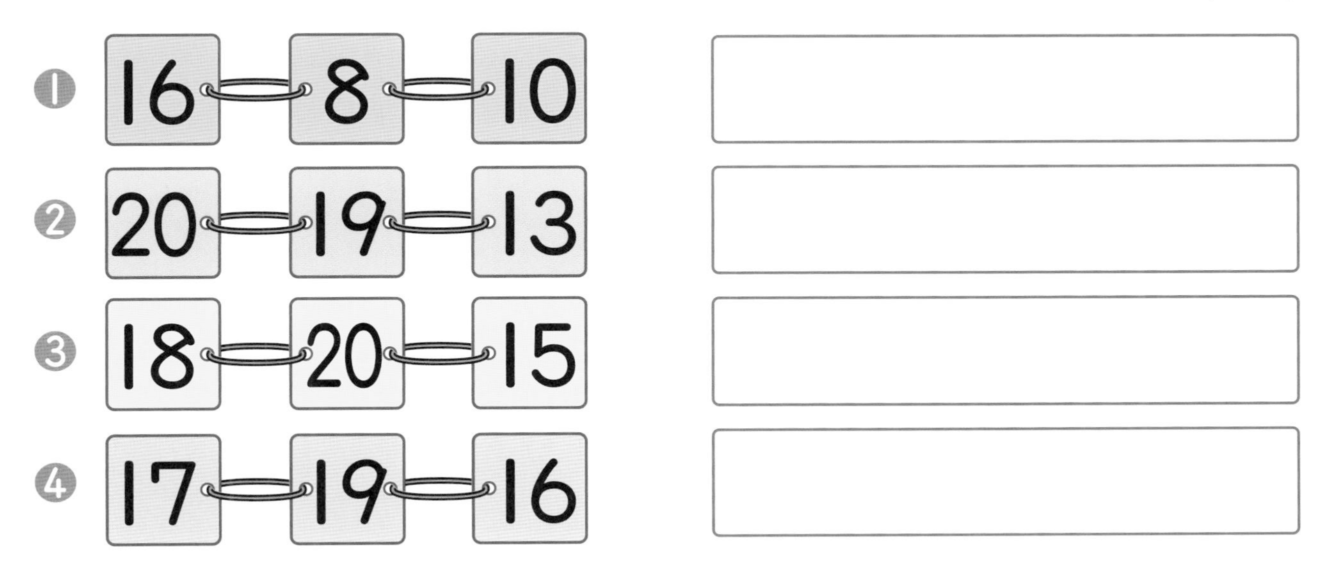

2 よくでる こどもが　10にん　います。あとから　9にん　くると，みんなで　なんにんに　なりますか。　1つ10〔20てん〕

しき

こたえ　□ にん

3 よくでる ケーキ(けえき)が　18こ　あります。3こ　たべると，のこりは　なんこに　なりますか。　1つ10〔20てん〕

しき

こたえ　□ こ

4 バス(ばす)に　おきゃくさんが　16にん　います。6にん　おりると，おきゃくさんは　なんにんに　なりますか。　1つ10〔20てん〕

しき

こたえ　□ にん

チェック✓
□3つの　かずを　ちいさい　じゅんに　ならべる　ことが　できたかな。
□たしざんや　ひきざんを　して　こたえが　だせたかな。

べんきょうした 日　　月　　日

① なんじ なんじはん

きほんのワーク

こたえ 9ページ

やってみよう

☆ つぎの とけいを よみましょう。

あさ おきる

がっこうへ でかける

6じはん　8じ

たいせつ

みじかい はりで なんじを よみます。ながい はりが 6の ところに あると なんじはんに なります。

1 つぎの とけいを よみましょう。

きゅうしょく

そうじ

がっこうを でる

❶ きゅうしょくを たべはじめる。

❷ そうじを はじめる。

❸ がっこうを でる。

2 10じはんの とけいは，あ，いの どちらですか。

あ

い

おうちのかたへ　何時，何時半の時刻が読めるようにします。短針では「時」を読むこと，長針が6を指すときが「何時半」であることを押さえます。日頃から時計を正確に読む習慣をつけましょう。

まとめのテスト

じかん 20ぷん

とくてん /100てん

こたえ 10ページ

1 よくでる つぎの とけいを よみましょう。 1つ10〔30てん〕

❶ ゆうしょくを たべはじめる。

❷ はみがきを おえる。

❸ ねる。

2 なんじですか。また，なんじはんですか。 1つ10〔30てん〕

❶

❷

❸

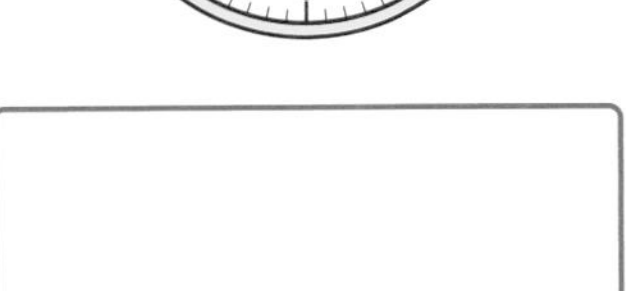

3 ながい はりを かきましょう。 1つ20〔40てん〕

❶ 4じ

❷ 5じはん

□なんじや なんじはんの とけいが よめるかな。
□とけいの ながい はりを かく ことが できたかな。

① いろいろな かたち

きほんのワーク

こたえ 10ページ

☆ おなじ　かたちの　なかまを　•—•で　むすびましょう。

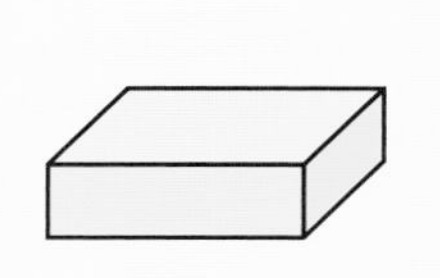
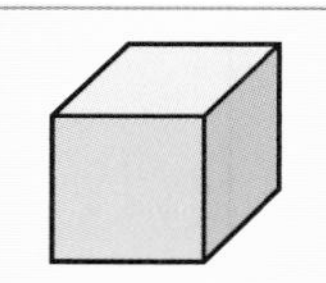
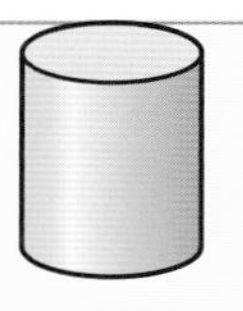
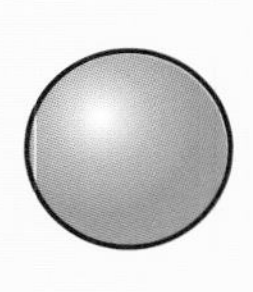

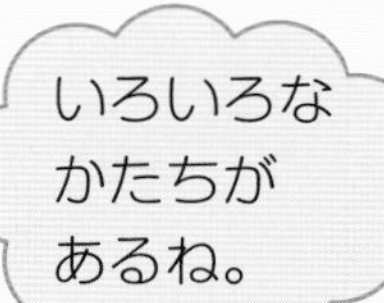

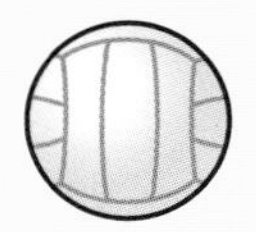

たいせつ

いろいろな　かたちを　みて，おなじ　かたちの　なかまを　みつけて　みよう。

1 つみきを　うつして　できる　かたちを　•—•で　むすびましょう。

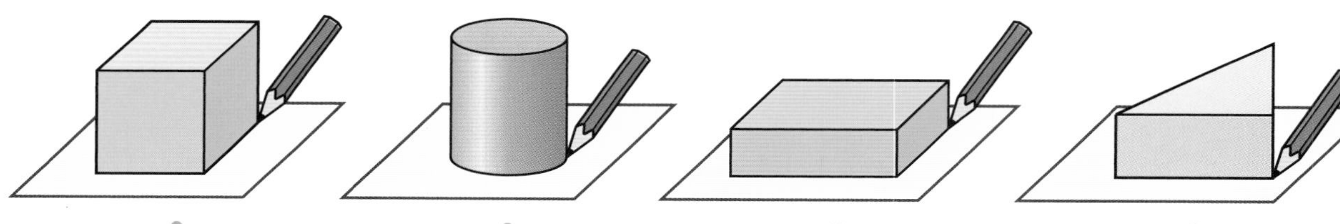

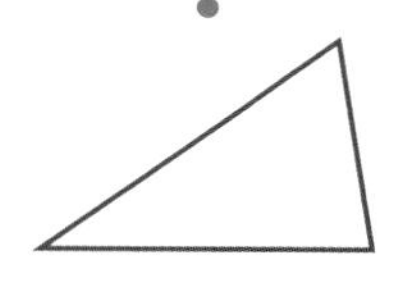
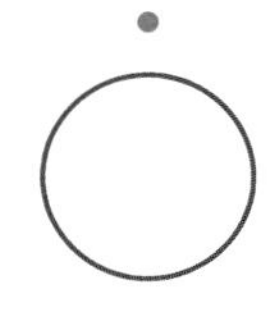
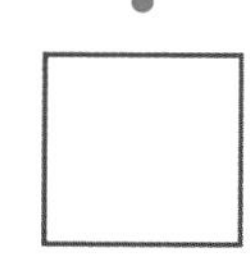
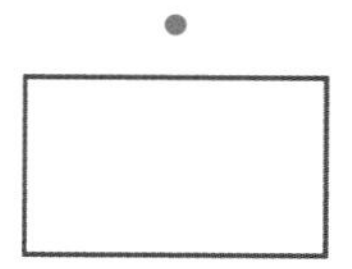

2 うつしとれる　かたちに　ぜんぶ　○を　つけましょう。

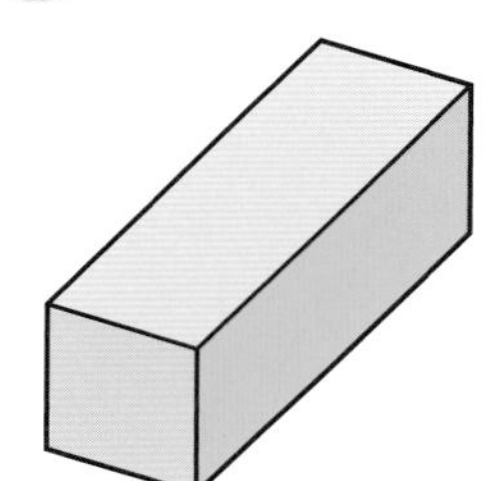
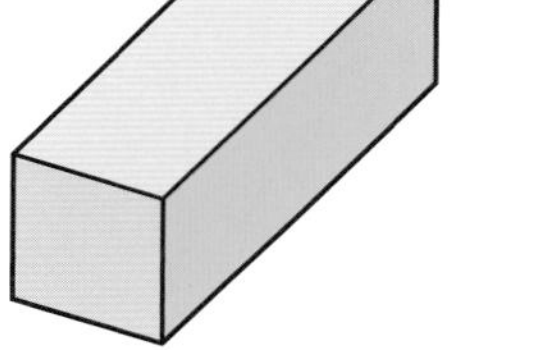

あ 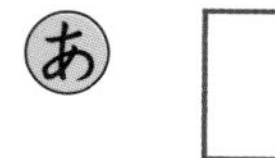
い 
う 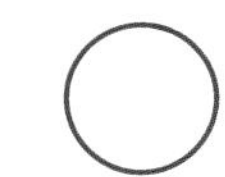
え 

おうちのかたへ

ここで使う「箱の形」は，形をとらえるための言葉です。ですから，大きさが違っても「同じ形」ととらえます。写し取った形の正確さには，こだわりすぎなくてよいでしょう。

まとめのテスト

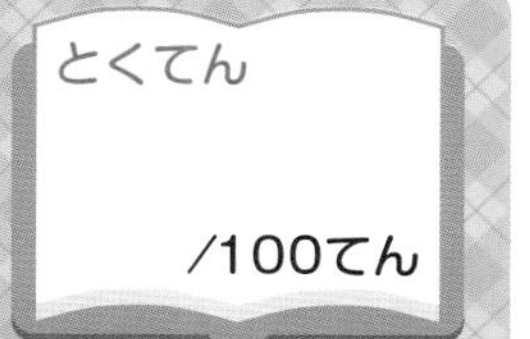

こたえ 10ページ

1 よくでる おなじ　かたちの　なかまを　•—•で　むすびましょう。

ぜんぶ　できて〔40てん〕

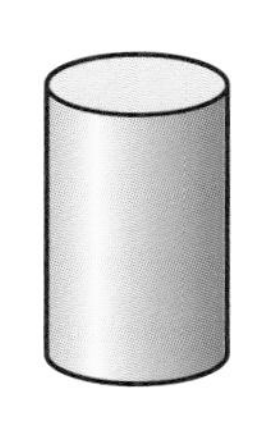
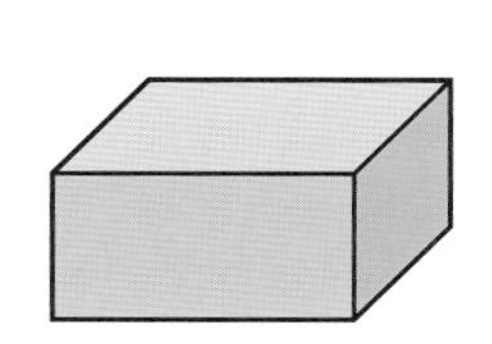
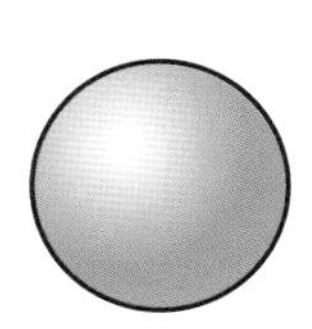
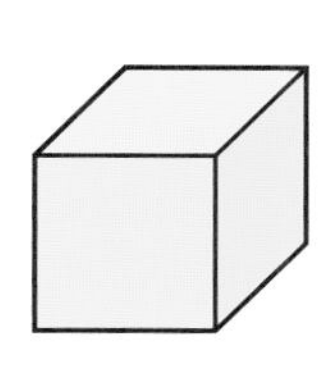

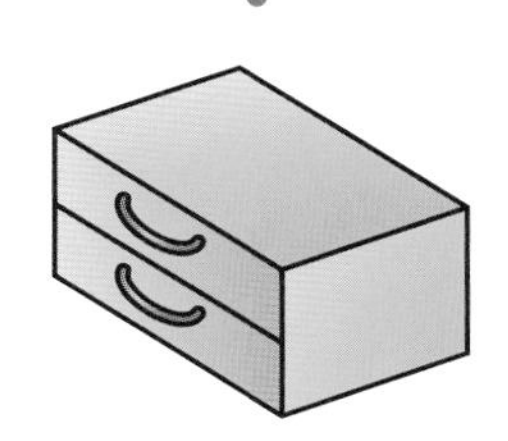

2 うつしとれる　かたちに　ぜんぶ　◯を　つけましょう。

ぜんぶ　できて〔30てん〕

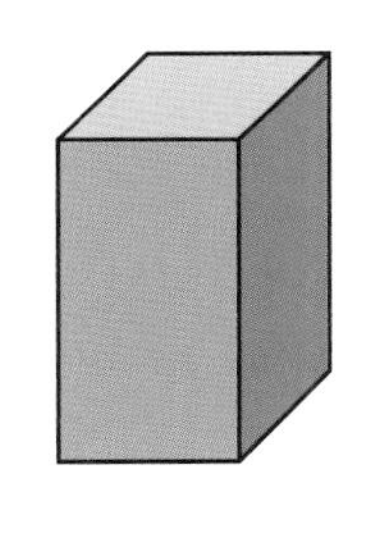

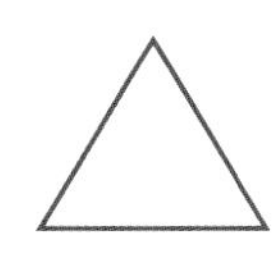
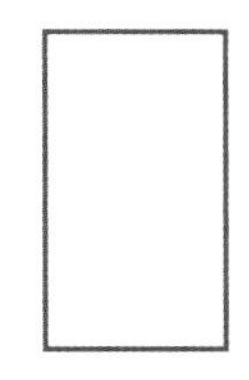
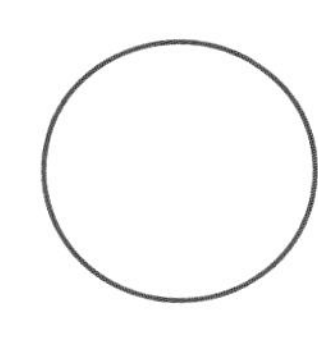
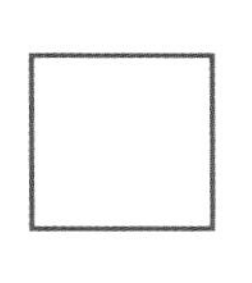

3 したの　つみきを　うえと　まえから　みると，どんな　かたちに　みえますか。あ，い，うで　こたえましょう。〔30てん〕

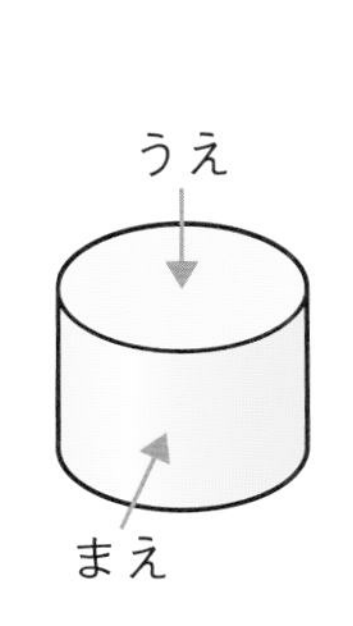

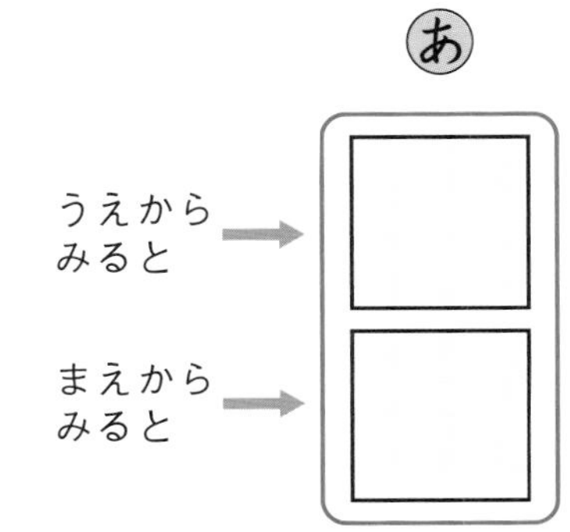

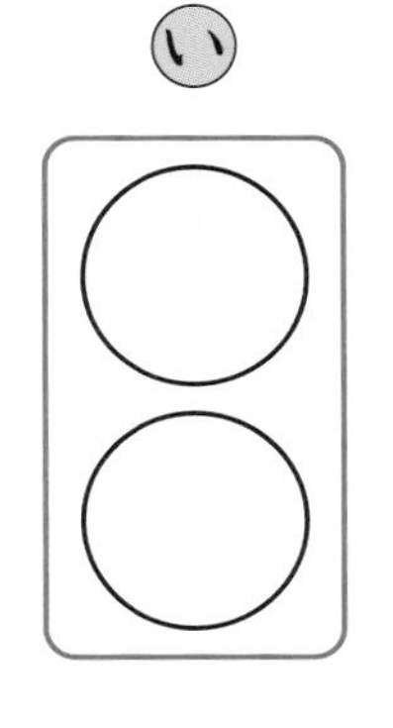

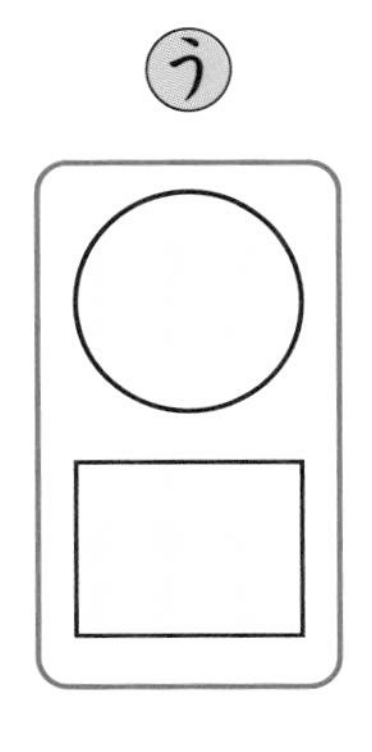

□おなじ　かたちの　なかまを　せんで　むすぶ　ことが　できたかな。
□うつしとれる　かたちの　ちがいが　わかったかな。

べんきょうした 日 月 日

① ながさくらべ

きほんのワーク

こたえ 10ページ

やってみよう

☆ どちらが ながいですか。あ，いで こたえましょう。

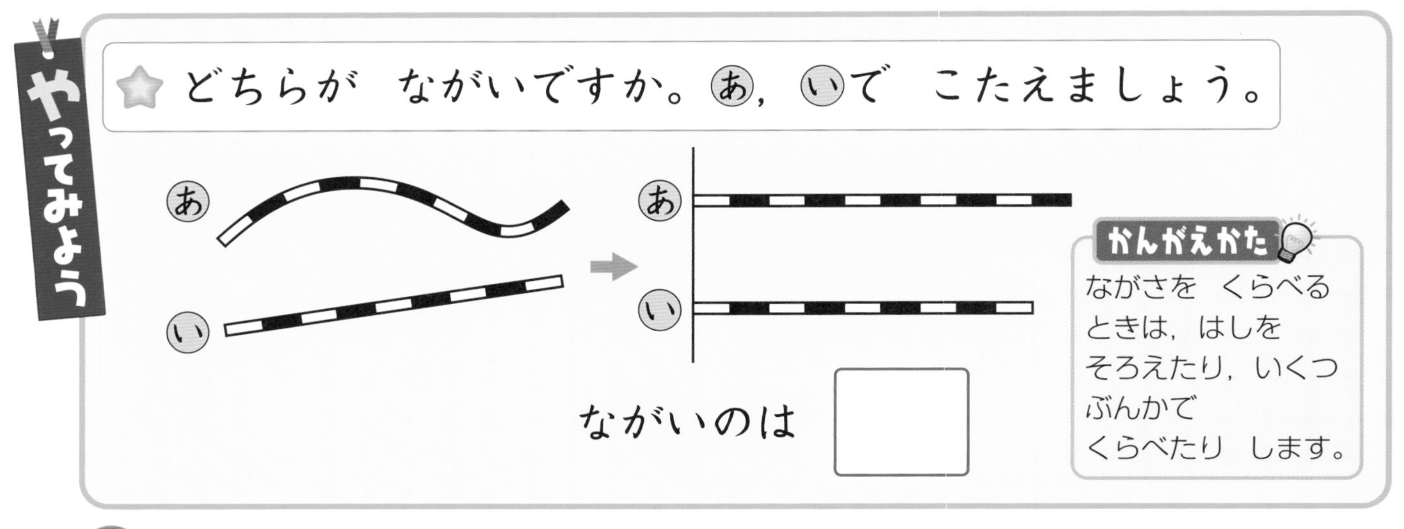

ながいのは □

かんがえかた
ながさを くらべる ときは，はしを そろえたり，いくつ ぶんかで くらべたり します。

1 どちらが ながいですか。あ，いで こたえましょう。

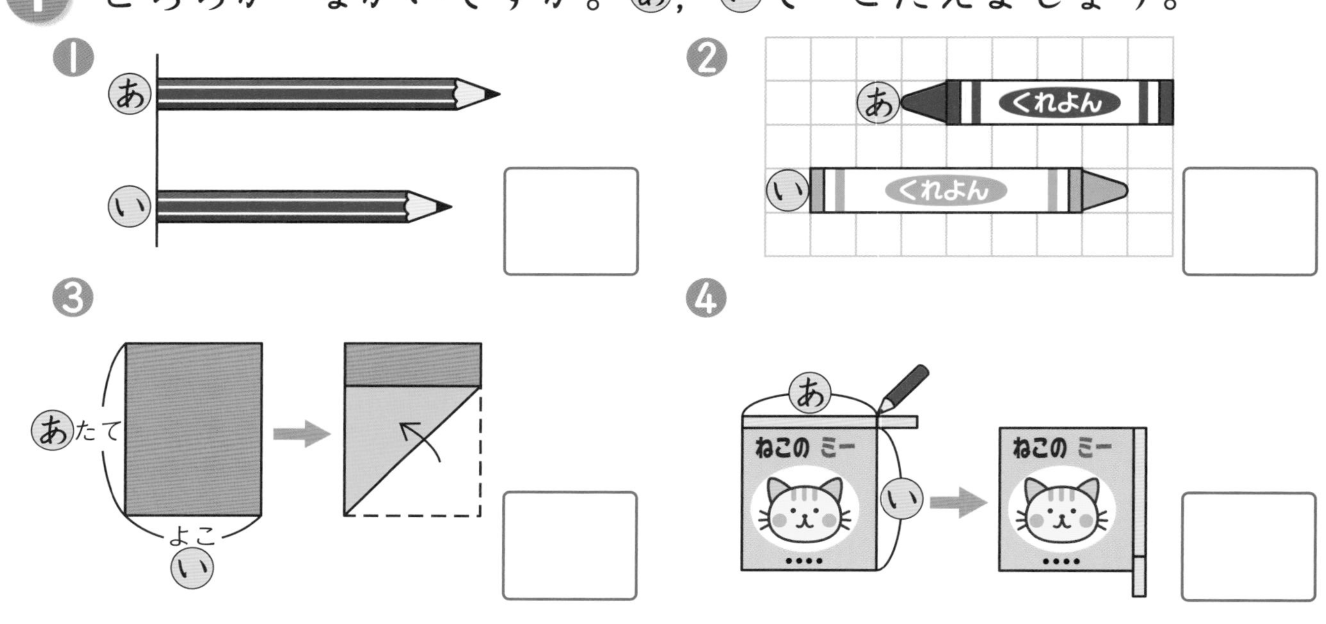

2 ながい じゅんに ならべて，□の なかに あ，い，うを かきましょう。

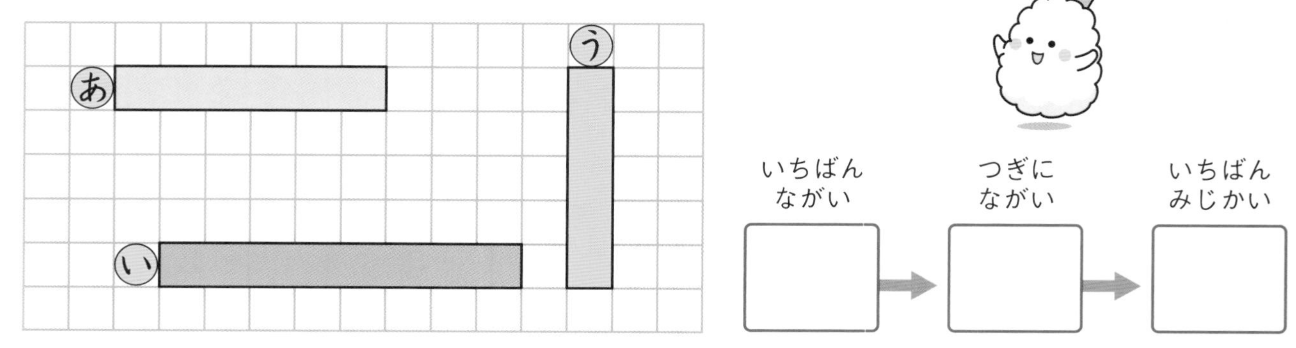

おうちのかたへ　長さを比べるには直接比較，間接比較，ます目のいくつ分かでの比較，などの方法があります。

② ひろさくらべ
きほんのワーク

こたえ 11ページ

やってみよう

☆ どちらが ひろいですか。あ，いで こたえましょう。

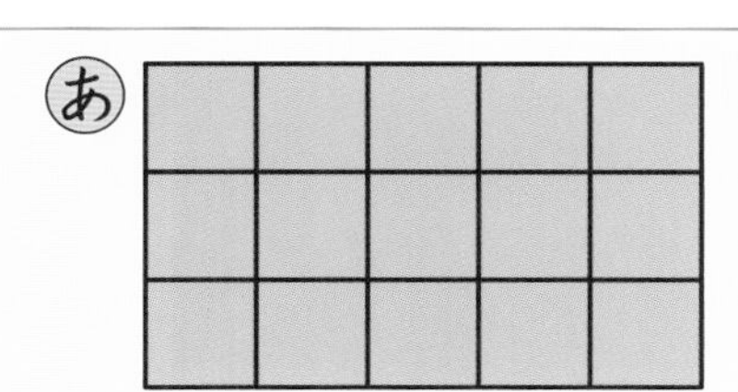

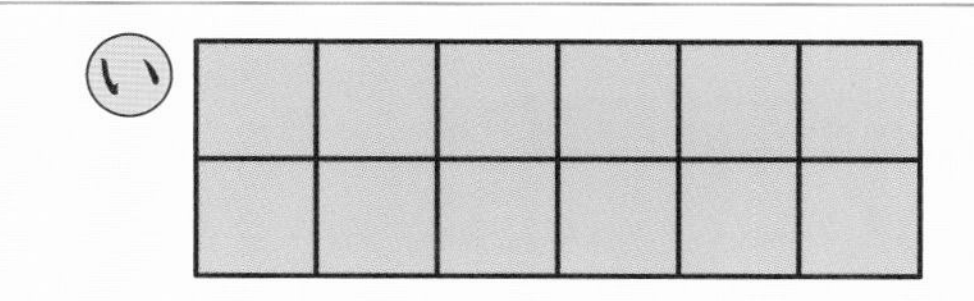

あは ■が 15こ。

いは ■が 12こ。 ひろいのは □。

かんがえかた
ひろさは はしを そろえたり，■の かずを かぞえたり して くらべます。

1 どちらが ひろいですか。あ，いで こたえましょう。

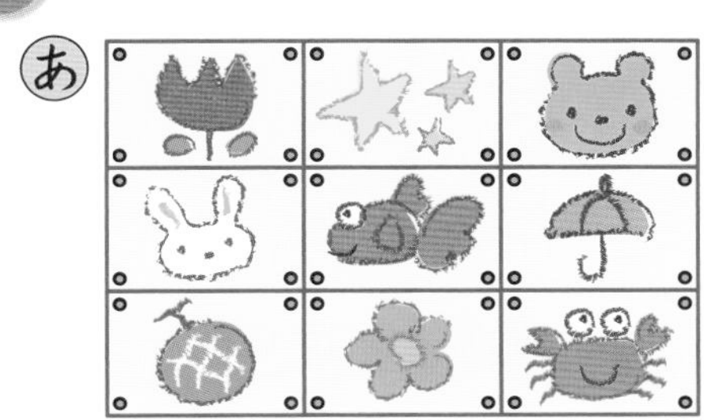

□

2 どちらが ひろいですか。あ，いで こたえましょう。

1 あ

い

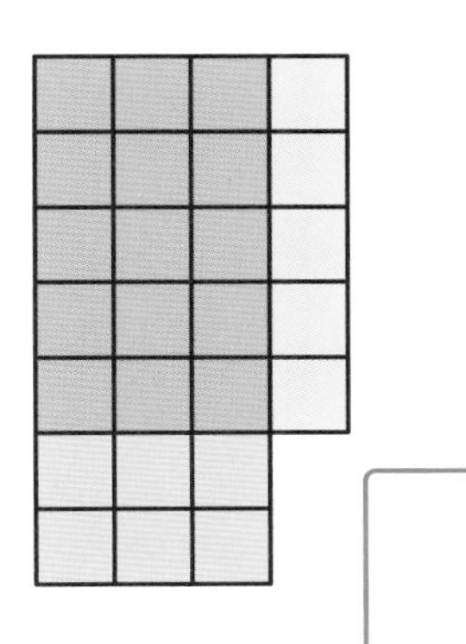

□

2 あ

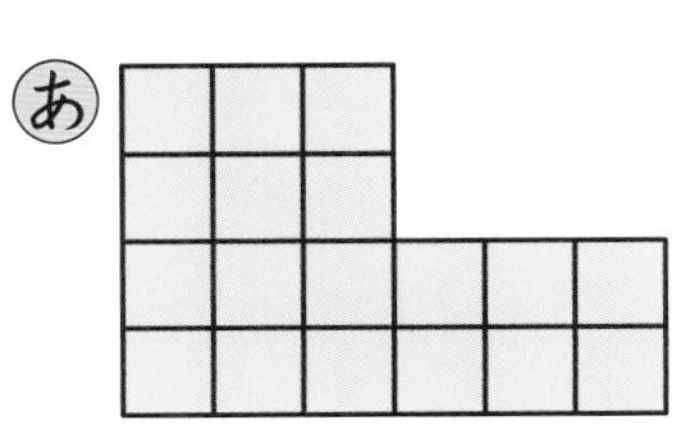

い

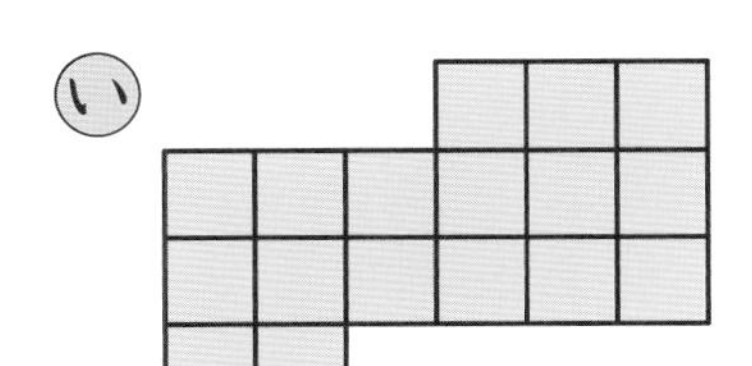

□

おうちのかたへ
広さを比べるときにも，端を揃えて重ねるなどの直接比較をしたり，ます目のいくつ分かで比較をしたりする方法などがあることを学びます。上の学年の面積の学習につながっていきます。

1 どちらが ながいですか。あ，いで こたえましょう。

1つ15〔30てん〕

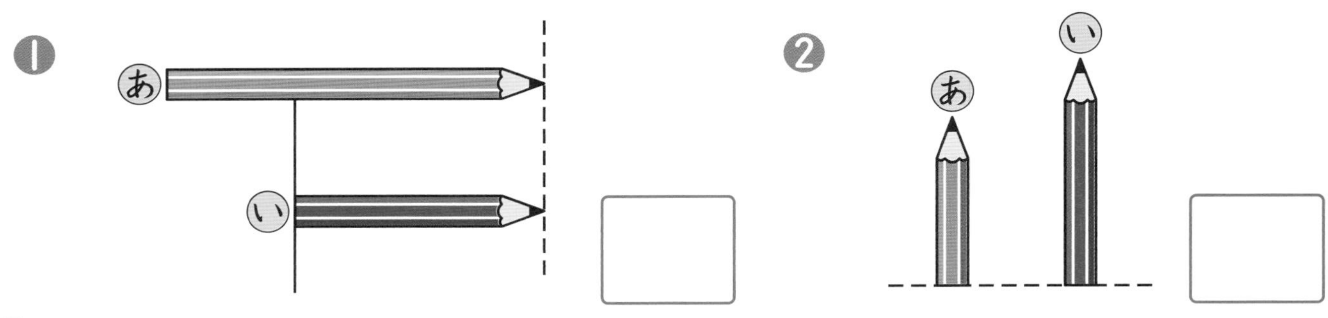

2 よくでる つぎの もんだいに，きごうで こたえましょう。

1つ20〔40てん〕

❶ いちばん ながい えんぴつは どれですか。

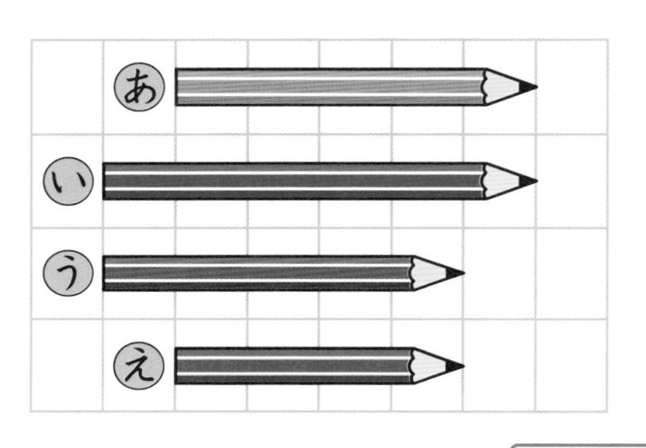

❷ いちばん みじかい でんしゃは どれですか。

あ
い
う

3 どちらが ひろいですか。あ，いで，こたえましょう。

1つ15〔30てん〕

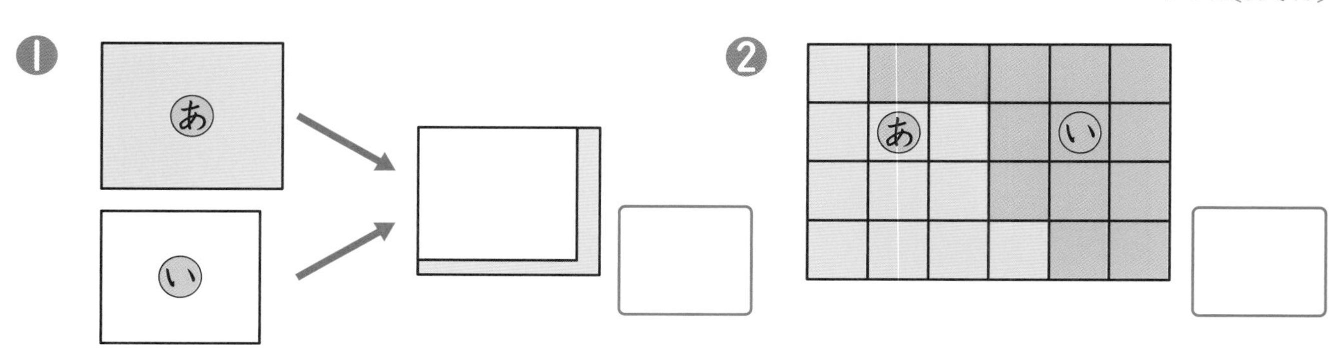

チェック
□ ながさを くらべる ことが できたかな。
□ ひろさを くらべる ことが できたかな。

まとめのテスト②

こたえ 11ページ

とくてん　/100てん

1 よくでる えを みて，あから えで こたえましょう。　1つ10〔20てん〕

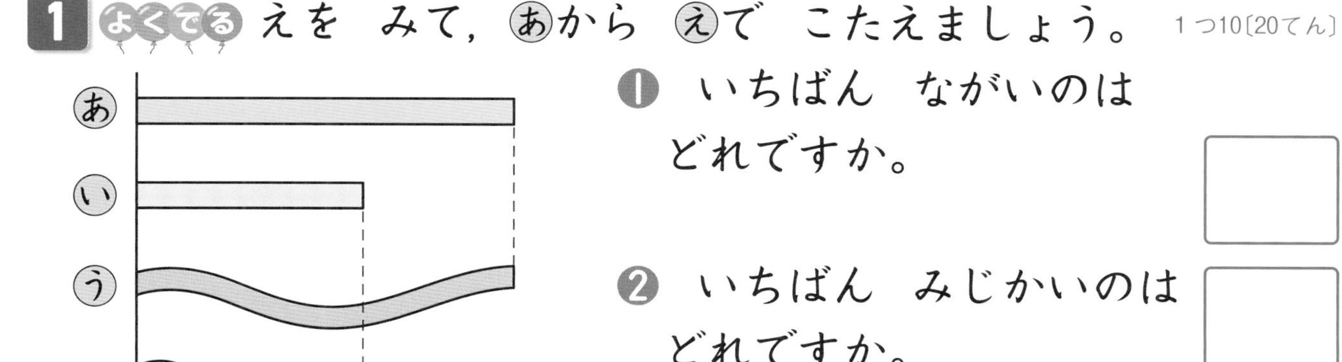

❶ いちばん ながいのは どれですか。

❷ いちばん みじかいのは どれですか。

2 たてと よこの ながさに あわせて ■を おきました。たてと よこの どちらが いくつぶん ながいですか。　〔20てん〕

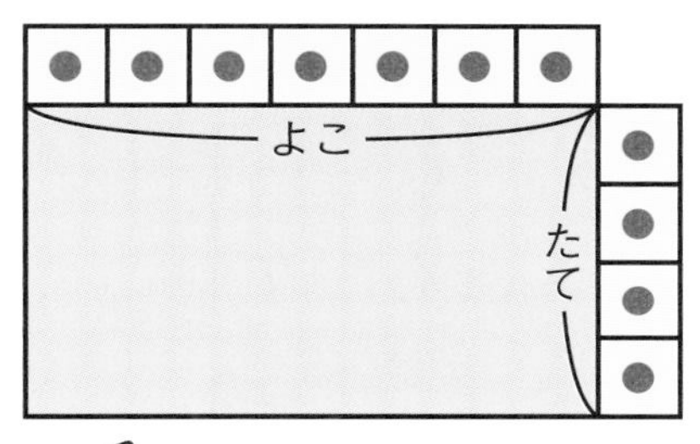

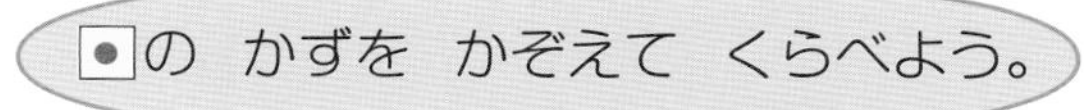

□が □つぶん ながい。

3 じんとりあそびを しました。じゃんけんに かったら 1ますずつ いろを ぬります。　1つ20〔60てん〕

❶ いま，けんたさんと あやかさんは，□を なんこ とっていますか。

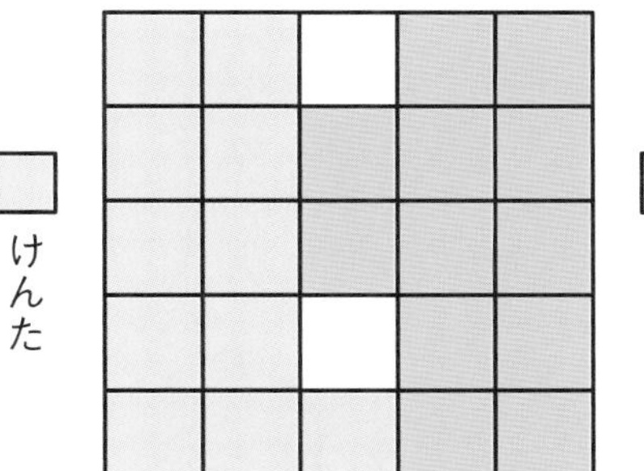

けんた □こ

あやか □こ

❷ この あと，あやかさんが じゃんけんで 2かい かちました。あやかさんは けんたさんより □を なんこ おおく とりましたか。　□こ

チェック
□いろいろな ながさの くらべかたが わかったかな。
□どちらが いくつぶん ながいか，いう ことが できたかな。

べんきょうした 日　月　日

① たしざんと ひきざん(1)

きほんのワーク

こたえ 11ページ

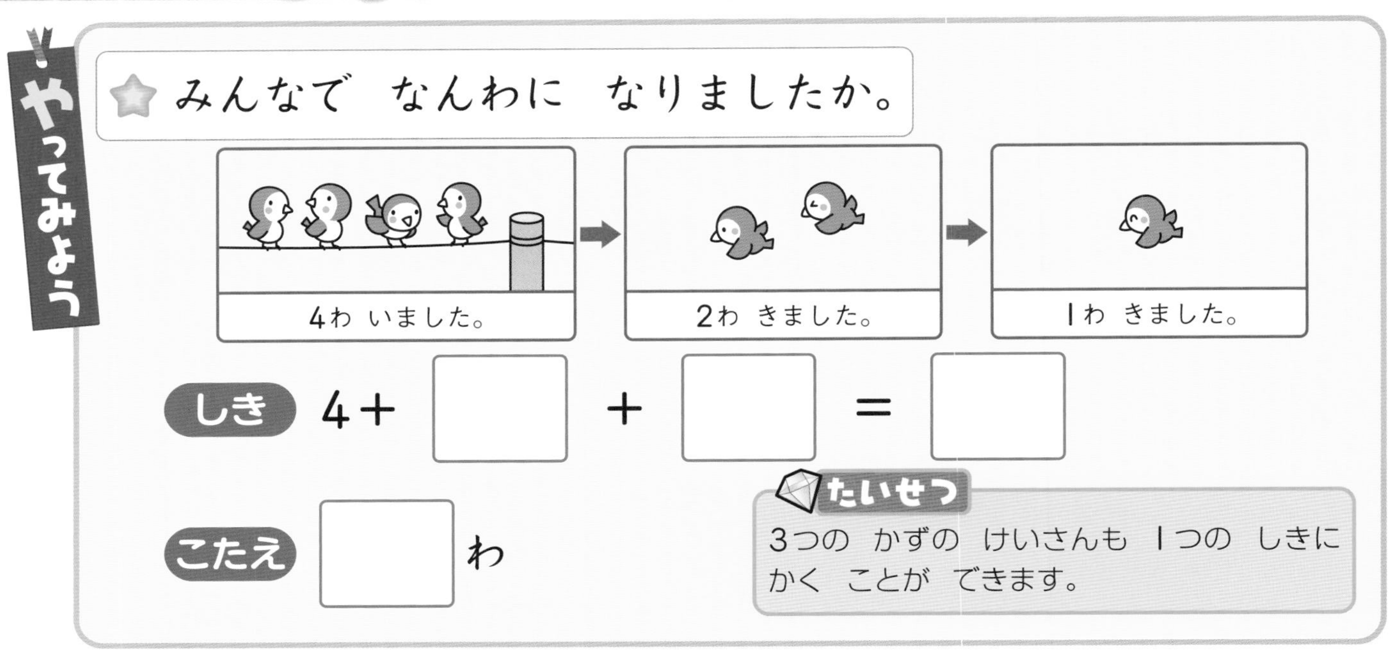

1 えんぴつが 7ほん ありました。3ぼん もらいました。また 2ほん もらいました。えんぴつは ぜんぶで なんぼんに なりましたか。

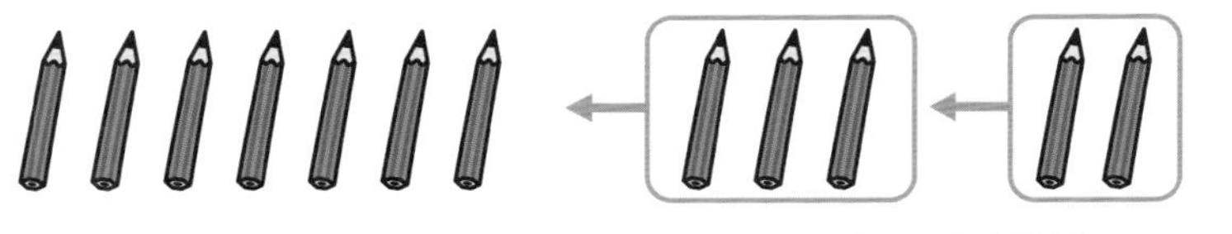

しき

こたえ　ほん

2 いろがみが 15まい ありました。5まい つかいました。また 2まい つかいました。いろがみは なんまい のこりましたか。

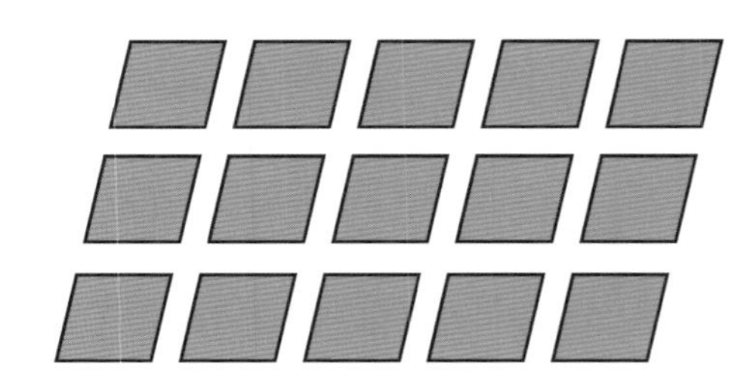

しき

こたえ　まい

おうちのかたへ　3つの数の計算では，2つの場面を1つの式に表せることのよさを学びます。絵と文章から，場面を正確にとらえられるようにしましょう。

② たしざんと ひきざん(2)

きほんのワーク

こたえ 11ページ

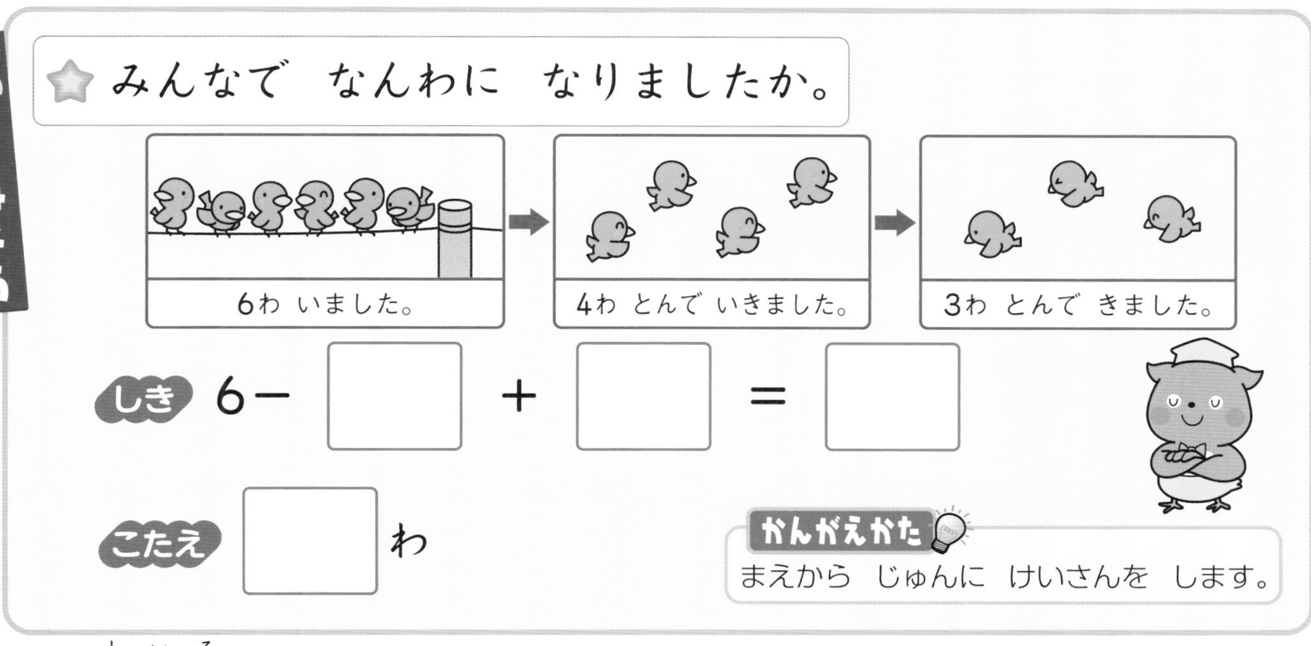

やってみよう

☆ みんなで なんわに なりましたか。

しき 6－□＋□＝□

こたえ □わ

かんがえかた
まえから じゅんに けいさんを します。

1 シール（しいる）が 6まい ありました。4まい もらいました。
5まい つかいました。シールは なんまいに なりましたか。

しき □

こたえ □まい

2 バス（ばす）に おきゃくさんが 10にん のって いました。
6にん おりました。5にん のって きました。
おきゃくさんは なんにんに なりましたか。

しき □

こたえ □にん

おうちのかたへ
☆わかりにくい場合は，2つの式（6－4＝2，2＋3＝5）に表してから，1つの式（6－4＋3＝5）にします。2つの式でも1つの式でも，答えは同じになることを確認しましょう。

べんきょうした 日　月　日

まとめのテスト①

じかん 20ぷん

とくてん　/100てん

こたえ 12ページ

1 ケーキ(けえき)が 12こ ありました。2こ たべました。その あと，また 4こ たべました。ケーキは なんこに なりましたか。　1つ20〔60てん〕

❶ ぶんに あう えは どちらですか。

あ

い

❷ しきに かいて こたえましょう。

しき

こたえ　こ

2 よくでる みんなで なんにんに なりましたか。　1つ20〔40てん〕

4にん いました。

6にん きました。

3にん かえりました。

しき

こたえ　にん

□ぶんしょうに あう えを えらぶ ことが できたかな。
□3つの かずの けいさんを しきに かく ことが できたかな。

まとめのテスト②

こたえ 12ページ

1 よくでる えんぴつを　4ほん　もって　いました。おかあさんに　3ぼん　もらいました。おとうとに　2ほん　あげました。えんぴつは　なんぼんに　なりましたか。　1つ10〔20てん〕

しき

こたえ　□ほん

2 いろがみが　16まい　ありました。6まい　つかいました。また　3まい　つかいました。いろがみは　なんまい　のこりましたか。　1つ10〔20てん〕

しき

こたえ　□まい

3 いぬが　3びき　いました。4ひき　きました。また　2ひき　きました。　1つ15〔60てん〕

❶ いぬは　なんびきに　なりましたか。

しき

こたえ　□ひき

チャレンジ！ ② その　あと　4ひき　かえりました。みんなで　なんびきに　なりましたか。

しき

こたえ　□ひき

チェック
□３つの　かずの　けいさんを　しきに　かく　ことが　できたかな。
□３つの　かずの　けいさんを　して　こたえが　だせたかな。

べんきょうした 日　月　日

① かさくらべ
きほんのワーク

こたえ 12ページ

やってみよう

☆ みずが　おおく　はいるのは，あ，いの　どちらですか。

あ　コップの □ はい

い　コップの □ はい

おおく　はいるのは □ です。

かんがえかた
コップの　いくつぶんかで　くらべます。

1 いちばん　おおく　みずが　はいって　いるのは　あ，い，うの　どれですか。

□

2 いちばん　おおく　みずが　はいるのは　あ，い，うの　どれですか。

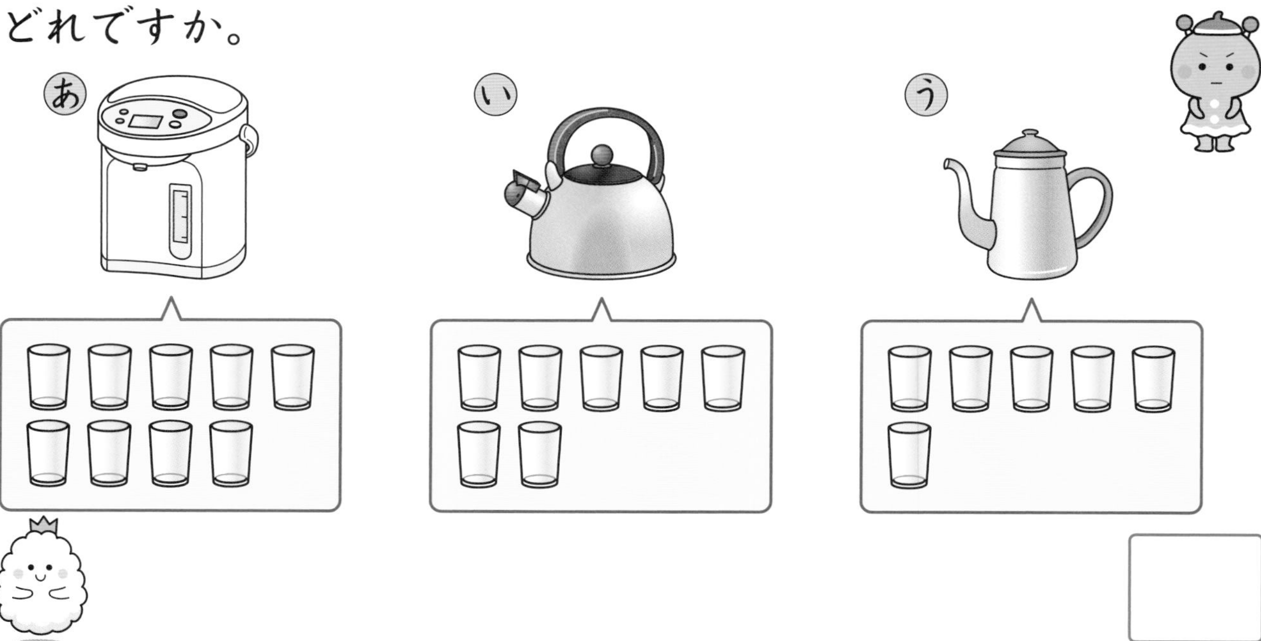

□

おうちのかたへ　水のかさ（量）を比べるときは，直接比較，間接比較，コップなどの何杯分かを比べる方法があります。

まとめのテスト

こたえ 12ページ

じかん 20ぷん

とくてん /100てん

1 あ，いの どちらが おおく はいりますか。 1つ15〔30てん〕

❶

❷

あの コップ いっぱいに いれた みずを いに うつしました。

2 みずが おおく はいって いるのは，あ，いの どちらですか。 1つ15〔30てん〕

❶ ❷

3 よくでる いれものに はいる みずの かさを コップに いれて くらべました。 1つ10〔40てん〕

❶ あ，い，うには それぞれ の なんばいぶん はいりますか。

❷ いちばん おおく はいるのは，あ，い，うの どれですか。

□いれものの かさを くらべる ことが できたかな。
□なんばいぶん あるかで くらべる ことが できたかな。

べんきょうした 日 月 日

① たしざん(1)

きほんのワーク

こたえ 12ページ

やってみよう

☆ あかい はなが 9ほん, きいろい はなが 4ほん さいて います。あわせて なんぼん さいて いますか。

かんがえかた

こたえが 10より おおきく なる ときは, 10と いくつに なるかを かんがえます。

しき 9+4= 13

こたえ 13ぼん

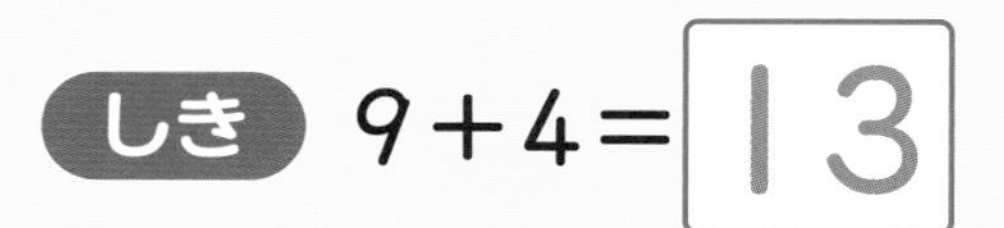

❶ いろがみを 9まい もって いました。おとうさんから 5まい もらいました。いろがみは, ぜんぶで なんまいに なりましたか。

しき □ + □ = □

もって いた かず　もらった かず　あわせた かず

こたえ (　　)

❷ さかなつりで おにいさんは 9ひき, おとうとは 8ひき つりました。あわせて なんびき つりましたか。

しき □ + □ = □

おにいさんの つった かず　おとうとの つった かず　あわせた かず

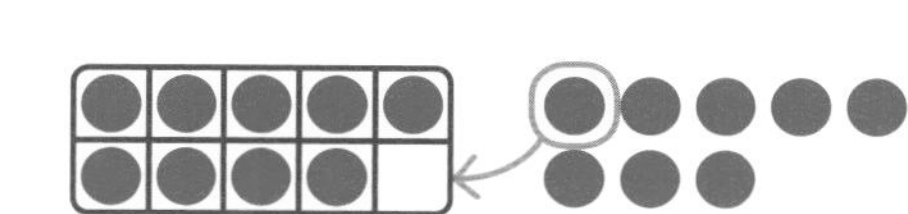

こたえ (　　)

おうちのかたへ

9+(1けた)のくり上がりのあるたし算です。10といくつになるかを考えて計算します。速く計算するよりも, 確実に計算できるようにしましょう。

3 ドーナツ(どうなつ)が　はこに　9こ，さらに　3こ　あります。ドーナツは　あわせて　なんこ　ありますか。

しき　□ ＋ □ ＝ □

こたえ（　　　　）

4 えんぴつが　9ほん　ありました。おねえさんに　6ぽん　もらいました。えんぴつは　ぜんぶで　なんぼんに　なりましたか。

しき　□ ＋ □ ＝ □

こたえ（　　　　）

5 こうえんで　こどもが　9にん　あそんで　いました。あとから　7にん　きました。ぜんぶで　なんにんに　なりましたか。

たしざんの　しきに
かこう。

しき

こたえ（　　　　）

6 りんごが　2まいの　さらに　9こずつ　のって　います。りんごは　あわせて　なんこ　ありますか。

しき

こたえ（　　　　）

べんきょうした 日　　月　　日

② たしざん (2)

きほんのワーク

こたえ 13ページ

やってみよう

☆ みかんが 8こ，いちごが 5こ あります。
あわせて なんこ ありますか。

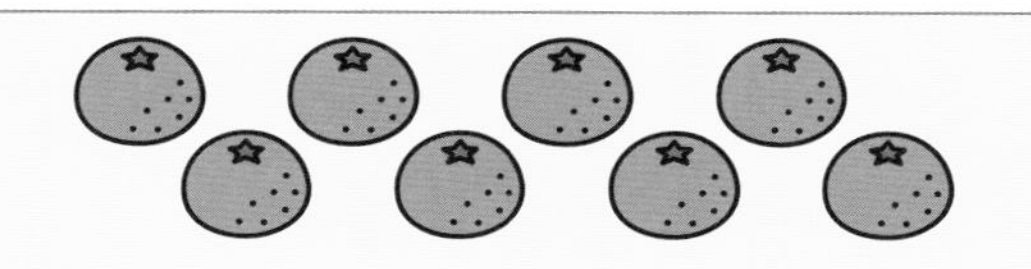

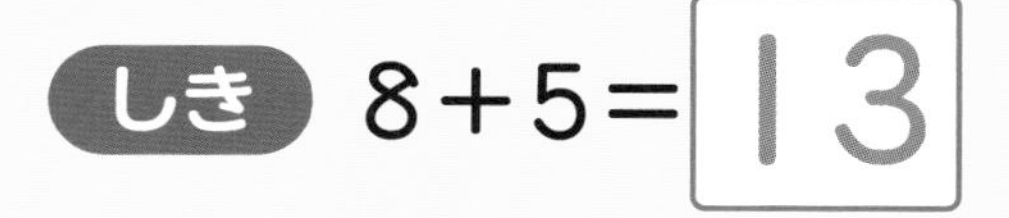

しき 8＋5＝13

こたえ 13こ

たいせつ
こたえが 10より おおきく なる たしざんです。くりあがりの ある けいさんの しかたを おぼえましょう。

❶ すずめが 7わ います。あとから 8わ とんで きました。すずめは なんわに なりましたか。

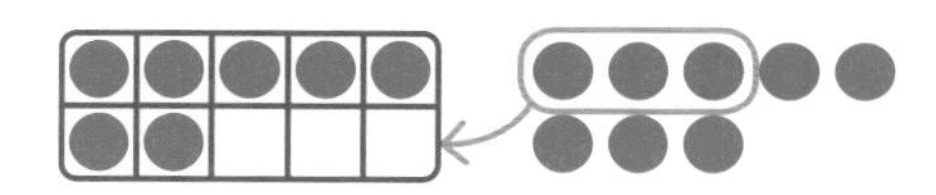

しき □＋□＝□　　こたえ（　　　）

❷ おりがみで つるを 8こ おりました。あと 4こ おると，ぜんぶで なんこに なりますか。

しき □＋□＝□　　こたえ（　　　）

❸ りんごが かごに 6こ，ふくろに 6こ あります。りんごは ぜんぶで なんこ ありますか。

しき □＋□＝□　　こたえ（　　　）

8＋(1けた)，7＋(1けた)，6＋(1けた)のくり上がりのあるたし算です。文章題の場面を式に表すことができるようにします。

4 しろい　うさぎが　7ひき，ちゃいろい　うさぎが　5ひき　います。うさぎは　あわせて　なんびき　いますか。

しき　□＋□＝□

こたえ（　　　）

5 えんぴつを　8ほん　けずりました。あと　7ほん　けずると，けずった　えんぴつは　なんぼんに　なりますか。

しき　□＋□＝□

こたえ（　　　）

6 ドーナツ（どうなつ）が　はこに　6こ，さらに　8こ　あります。ドーナツは　ぜんぶで　なんこ　ありますか。

しき

こたえ（　　　）

7 さんすうの　もんだいを　7もん　ときました。もんだいは　あと　6もん　のこって　います。もんだいは　ぜんぶで　なんもん　ありますか。

しき

こたえ（　　　）

まとめのテスト①

こたえ 13ページ

じかん 20ぷん

とくてん /100てん

1 あおい くるまが 6だい，あかい くるまが 9だい とまって います。くるまは あわせて なんだい とまって いますか。

❶20，❷1つ15〔50てん〕

❶ ぶんに あう えは どちらですか。

あ い

❷ しきに かいて こたえましょう。

しき

こたえ（ ）

2 おりがみで つるを 7こ おりました。あと 5こ おると，ぜんぶで なんこに なりますか。

❶20，❷1つ15〔50てん〕

❶ ぶんに あう えは どちらですか。

あ

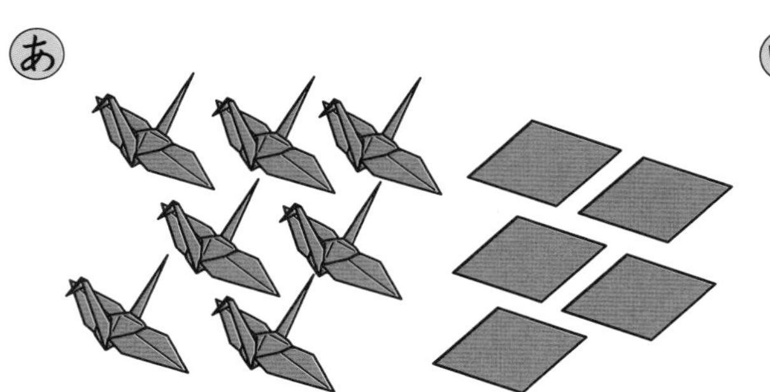

い

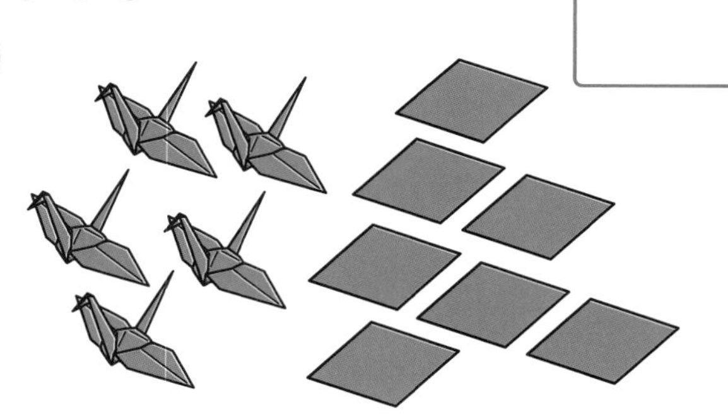

❷ しきに かいて こたえましょう。

しき

こたえ（ ）

□ ぶんしょうに あう えを えらぶ ことが できたかな。
□ くりあがりの ある たしざんが できたかな。

まとめのテスト②

じかん 20ぷん

とくてん /100てん

こたえ 13ページ

1 よくでる ケーキ(けえき)が はこに 8こ，さらに 3こ あります。
ケーキは あわせて なんこ ありますか。 1つ10〔20てん〕

しき

こたえ（ ）

2 こどもが 9にん いました。あとから 4にん きました。
こどもは なんにんに なりましたか。 1つ10〔20てん〕

しき

こたえ（ ）

3 バス(ばす)に おきゃくさんが 7にん のって いました。
あとから 8にん のって きました。おきゃくさんは
なんにんに なりましたか。 1つ15〔30てん〕

しき

こたえ（ ）

4 かきを 9こ とりました。あとから また，5こ
とりました。かきを なんこ とりましたか。 1つ15〔30てん〕

しき

こたえ（ ）

□ぶんしょうを よんで しきを つくる ことが できたかな。
□くりあがりの ある たしざんが できるかな。

べんきょうした 日　月　日

① ひきざん(1)
きほんのワーク

こたえ 13ページ

やってみよう

☆いろがみが 15まい あります。9まい つかうと，のこりは なんまいに なりますか。

つかう

しき 15－9＝6

こたえ 6まい

かんがえかた
15を 10と 5に わける。
10から 9を ひいて 1
1と 5で 6

15－9
10 5

1 あめが 17こ あります。ともだちに 9こ あげると，のこりは なんこに なりますか。

しき □ － □ ＝ □
はじめの かず　あげる かず　のこりの かず

こたえ（　　）

2 ケーキ(けえき)が 14こ あります。9こ たべると，のこりは なんこに なりますか。

しき □ － □ ＝ □
はじめの かず　たべる かず　のこりの かず

こたえ（　　）

おうちのかたへ　くり下がりのあるひき算は，1年生でもっともつまずきやすい単元といわれています。正確に式をつくり，計算のしかたを正しく身につけましょう。

3 カード(かあど)が　16まい　あります。9まいは　おもてを むいています。うらを　むいて　いるのは，なんまいですか。

しき　□ − □ ＝ □

こたえ（　　　　）

4 15えん　もって　います。9えんの　がようしを　かうと，なんえん　のこりますか。

しき　□ − □ ＝ □

こたえ（　　　　）

5 スタンプ(すたんぷ)を　12こ　ためると，シール(しいる)が　もらえます。りくさんは　スタンプを　9こ　ためました。あと　なんこ ためれば　シールが　もらえますか。

しき　□

ラッキースタンプ

12こで シール!!

こたえ（　　　　）

6 ろうそくが　13ぼん　あります。そのうち　9ほんに　ひが ついて　います。ひの　ついて　いない　ろうそくは　なんぼん ありますか。

しき　□

こたえ（　　　　）

べんきょうした 日　　月　　日

② ひきざん(2)

きほんのワーク

こたえ 13ページ

やってみよう

☆ あかい　はなが　13ぼん，しろい　はなが　8ほん　あります。あかい　はなは　しろい　はなより　なんぼん　おおいですか。

しき　13−8=□

こたえ　5ほん

かんがえかた
13を　10と　3に　わける。
10から　8を　ひいて　2
2と　3で　5

13−8
10　3

1 りんごが　15こ，みかんが　8こ　あります。りんごは　みかんより　なんこ　おおいですか。

しき　□ − □ = □　　こたえ（　　　）

2 すずめが　11わ　います。はとが　7わ　います。すずめは　はとより　なんわ　おおいですか。

しき　□ − □ = □　　こたえ（　　　）

3 ビスケット(びすけっと)が　7こ，チョコレート(ちょこれえと)が　12こ　あります。チョコレートは　ビスケットより　なんこ　おおいですか。

しき　□ − □ = □　　こたえ（　　　）

おうちのかたへ　2つの数の違いを求める計算をします。問題文を何度も読み，くり下がりの計算のしかたをよく確認しておきましょう。

4 いちごの ケーキ（けえき）が 14こ，くりの ケーキが 8こ ありがます。いちごの ケーキは くりの ケーキより なんこ おおいですか。

しき □ − □ = □

こたえ（　　　）

5 ゆりあさんは カード（かあど）を 6まい もって います。おねえさんは 11まい もって います。おねえさんは ゆりあさんより なんまい おおく もって いますか。

しき □ − □ = □

こたえ（　　　）

6 ひなたさんは 7さいで，おにいさんは 13さいです。おにいさんは，ひなたさんよりも なんさい としが うえですか。

ひきざんの しきに かこう。

しき □

こたえ（　　　）

7 ねこが 8ぴき，いぬが 12ひき います。いぬは，ねこより なんびき おおいですか。

しき □

こたえ（　　　）

まとめのテスト①

こたえ 14ページ

1 ケーキ(けえき)が 13こ あります。7こ たべると，のこりは なんこに なりますか。 ❶10，❷1つ20〔50てん〕

❶ ぶんに あう えは どちらですか。

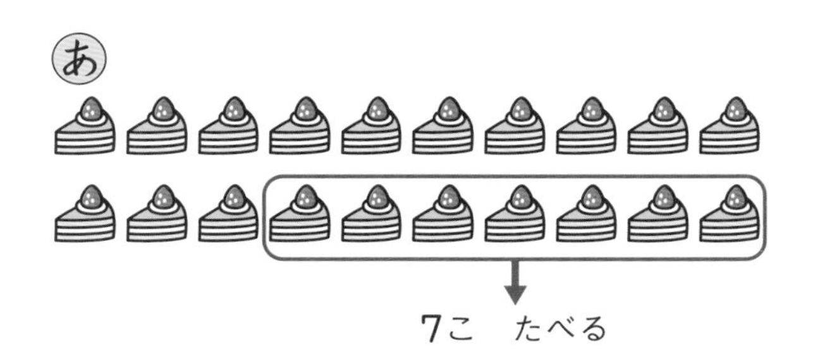

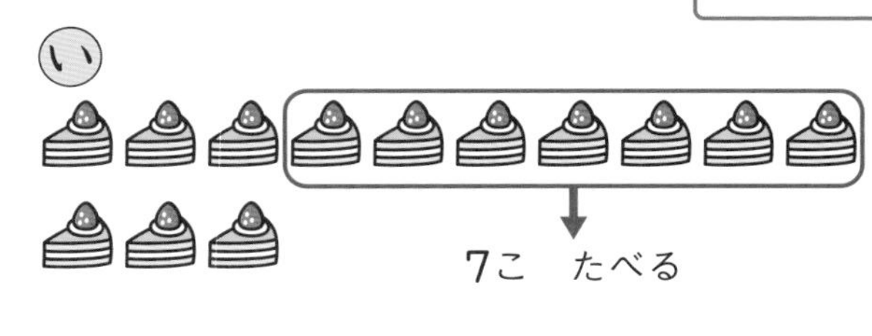

❷ しきに かいて こたえましょう。

しき

こたえ（　　　）

2 よくでる みかんが 15こ，りんごが 8こ あります。みかんは りんごより なんこ おおいですか。 ❶10，❷1つ20〔50てん〕

❶ ぶんに あう えは どちらですか。

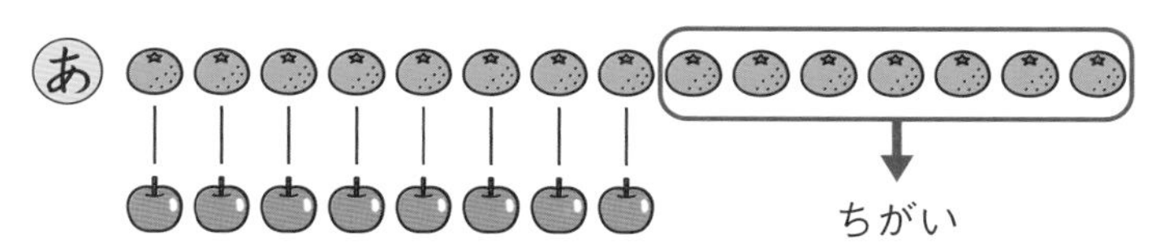

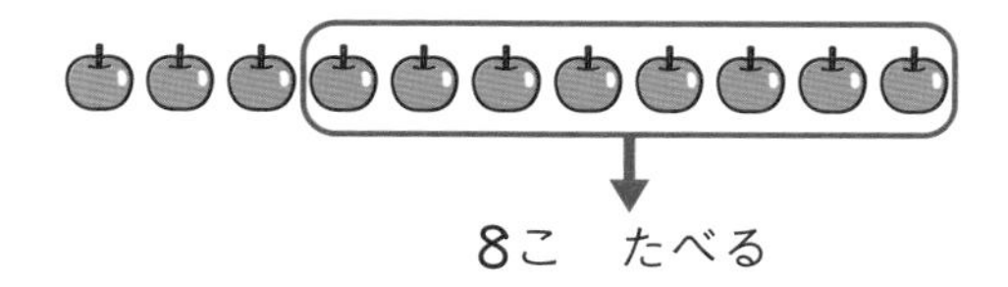

❷ しきに かいて こたえましょう。

しき

こたえ（　　　）

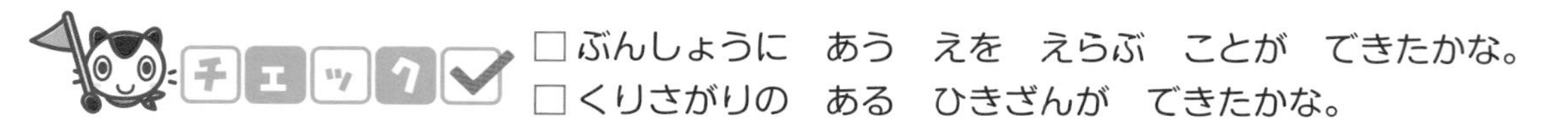

まとめのテスト②

こたえ 14ページ

じかん 20ぷん

とくてん　/100てん

1 せんべいが 12まい あります。5まい たべると，のこりは なんまいに なりますか。　1つ10〔20てん〕

しき

こたえ（　　）

2 よくでる コインを 13かい なげました。9かい おもてが でました。うらは なんかい でましたか。　1つ10〔20てん〕

しき

こたえ（　　）

3 バス（ばす）に おきゃくさんが 16にん のって います。8にん おりると，おきゃくさんは なんにんに なりますか。　1つ15〔30てん〕

しき

こたえ（　　）

4 あおい おりがみが 7まい，あかい おりがみが 15まい あります。あかい おりがみは あおい おりがみより なんまい おおいですか。　1つ15〔30てん〕

しき

こたえ（　　）

チェック
□ぶんしょうを よんで しきを つくる ことが できたかな。
□くりさがりの ある ひきざんが できるかな。

べんきょうした 日　月　日

① かぞえかたと かきかた (1)

きほんのワーク

こたえ 14ページ

やってみよう

☆ なんまい ありますか。かずを すうじで かきましょう。

10が 5こで 50

50と 4で

たいせつ

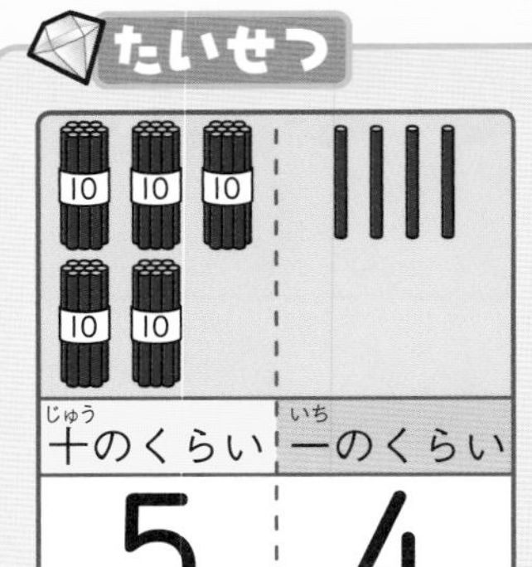

十(じゅう)のくらい	一(いち)のくらい
5	4

50と 4で 54と かき，**ごじゅうよん** と いいます。

1 かずを すうじで かきましょう。

❶

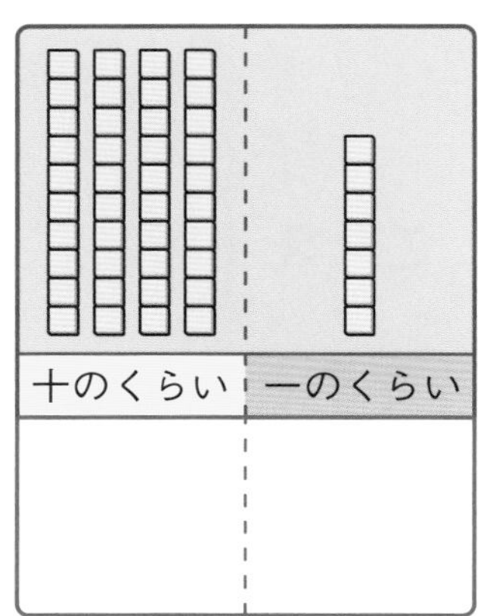

十のくらい	一のくらい

❷

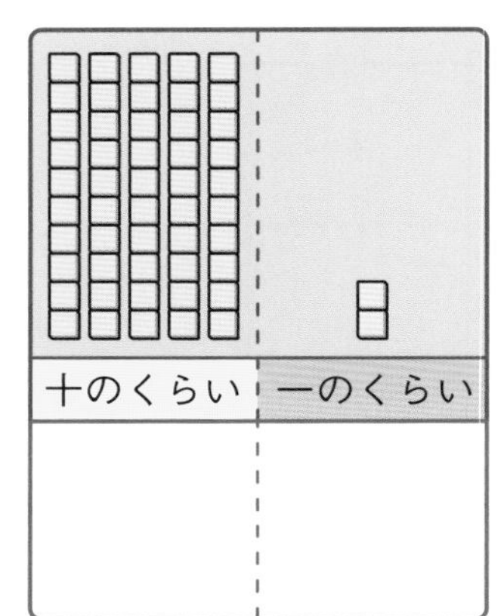

十のくらい	一のくらい

❸

十のくらい	一のくらい

2 いくつ ありますか。かずを すうじで かきましょう。

❶

❷

10の まとまり

❸

おうちのかたへ

10のまとまりを書く場所が「十のくらい」，ばらの個数を書く場所が「一のくらい」であることを理解します。54の4を「4のくらい」とする誤りもありますので注意しましょう。

② かぞえかたと かきかた (2)

きほんのワーク

こたえ 14ページ

やってみよう

☆ □に かずを かきましょう。

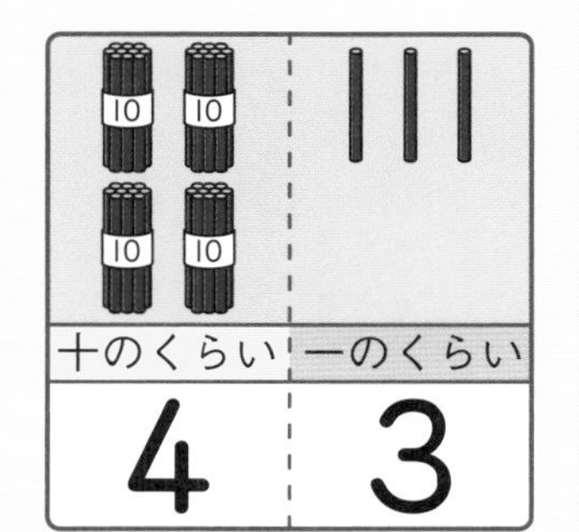

❶ 10が 4こと 1が 3こで 43

❷ 10が 10こで 100

たいせつ

10が 4こと 1が 3こで 43です。43は，十（じゅう）のくらいが 4，一（いち）のくらいが 3です。
10が 10こで 100に なります。

1 □に かずを かきましょう。

❶ 10が 7こと 1が 3こで □

❷ 10が 5こで □

❸ 89は 10が □こと 1が □こ

❹ 40は 10が □こ，100は 10が □こ

❺ 100は □より 1 おおきい かずです。

❻ 十のくらいが 3，一のくらいが 9の かずは □

❼ 十のくらいが 2，一のくらいが 0の かずは □

❽ 100より 1 ちいさい かずは □

おうちのかたへ

10がいくつ，1がいくつあるかで数を表すことを学習します。10が10こで100になります。また，99の次が100であることも確認しておきましょう。

べんきょうした 日　　月　　日

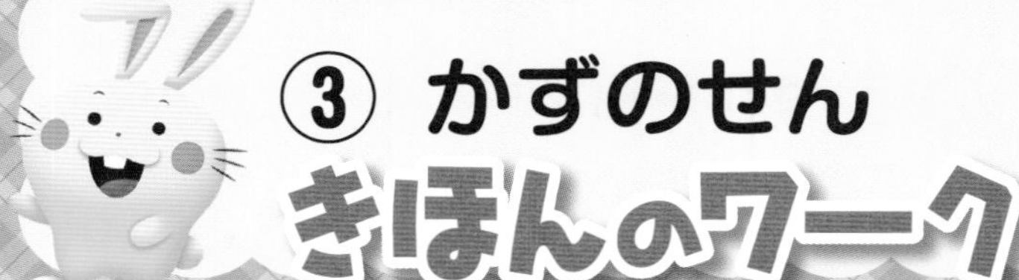

③ かずのせん
きほんのワーク

こたえ 14ページ

やってみよう

☆ かずのせんを　みて　こたえましょう。

❶ 50より　3　おおきい　かず　□

❷ 90より　7　ちいさい　かず　□

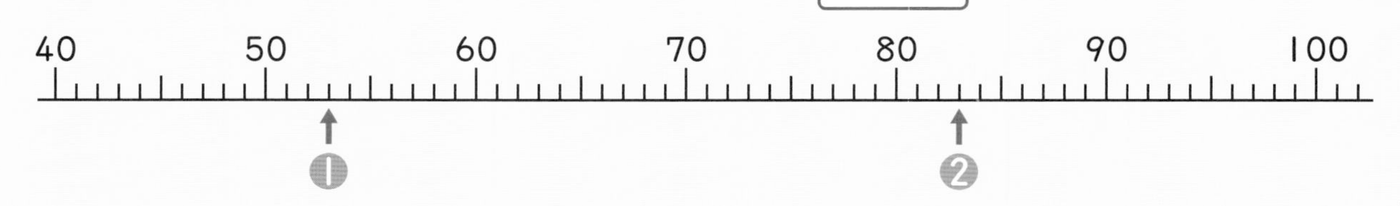

1 100までの　かずで　こたえましょう。

❶ 一(いち)のくらいが　3の　かずを　ぜんぶ　かきましょう。

□

❷ 十(じゅう)のくらいが　8の　かずを　ぜんぶ　かきましょう。

□

❸ 60より　6　おおきい　かず　□

❹ 80より　3　ちいさい　かず　□

おうちのかたへ　数の線（数直線）を見て，数を読みとれるようにしましょう。

④ 100より おおきい かず

きほんのワーク

こたえ 14ページ

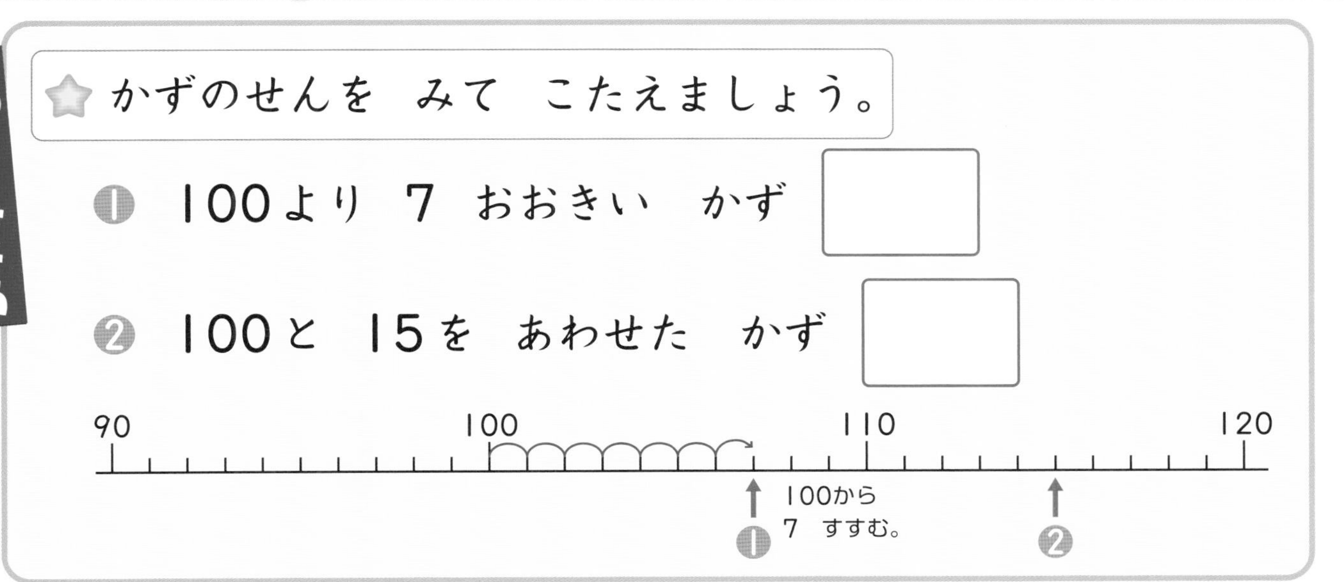

やってみよう

☆ かずのせんを　みて　こたえましょう。

❶ 100より　7　おおきい　かず □

❷ 100と　15を　あわせた　かず □

1 □に　かずを　かきましょう。

❶ 100より　3　おおきい　かず □

❷ 100と　12を　あわせた　かず □

2 □に　かずを　かきましょう。

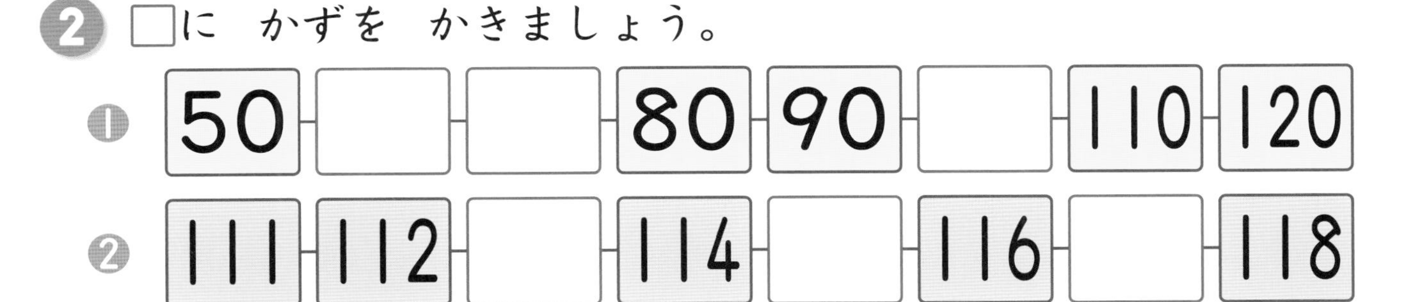

❶	50	□	□	80	90	□	110	120
❷	111	112	□	114	□	116	□	118

3 100えんで　かえる　ものに　○，かえない　ものに　×を　つけましょう。

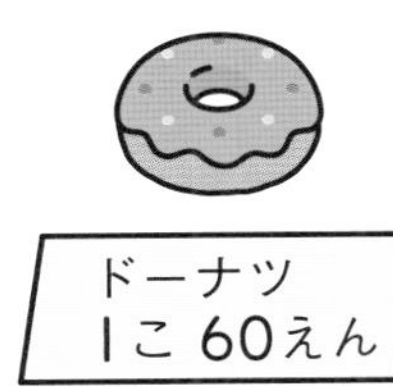

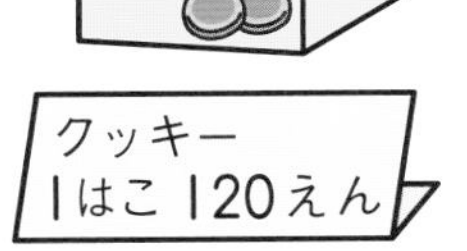

ドーナツ　1こ 60えん □

クッキー　1はこ 120えん □

プリン　1こ 95えん □

ポテトチップス　1ふくろ 108えん □

おうちのかたへ　100より大きい数のしくみや数の並び方も，100までの数と同じであることを理解します。1年生では120程度までの数を学習します。

べんきょうした 日　月　日

⑤ たしざんと ひきざん
きほんのワーク

こたえ 14ページ

やってみよう

☆ 60＋40の けいさんの しかたを かんがえましょう。

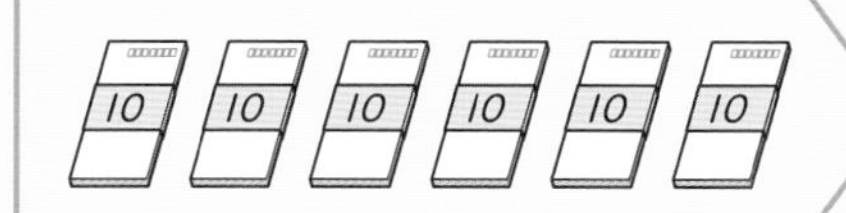

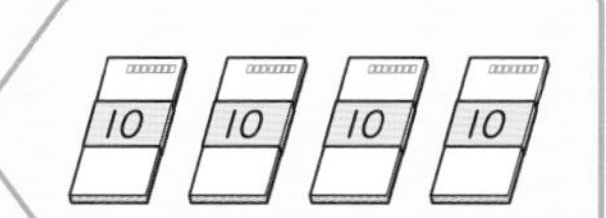

10の たばが
10こ できるね。

10の まとまりで かんがえると 6＋4＝10

60＋40＝□

10の まとまりで かんがえます。

❶ けいさんを しましょう。

1つが 10です。

❶ 70＋30＝□

❷ 40＋50＝□

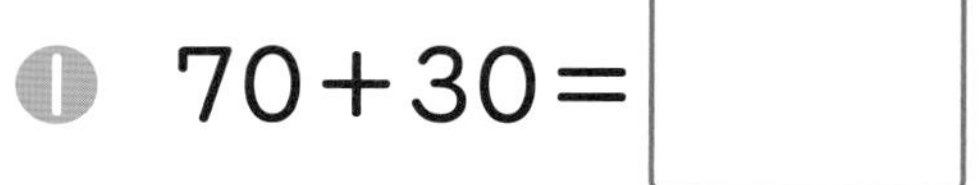

❸ 100－30＝□

❹ 100－50＝□

❷ けいさんを しましょう。

❶ 50＋7＝□　❷ 30＋2＝□

❸ 8＋60＝□　❹ 67－7＝□

❺ 75－5＝□　❻ 49－4＝□

おうちのかたへ　一の位が0の数どうしを計算するときは，10をひとまとまりとして考えて計算しましょう。

3 けいさんを　しましょう。

❶ 80－10＝□　　❷ 52＋6＝□

❸ 40＋40＝□　　❹ 78－5＝□

❺ 30＋60＝□　　❻ 49－9＝□

❼ 7＋30＝□　　❽ 26－3＝□

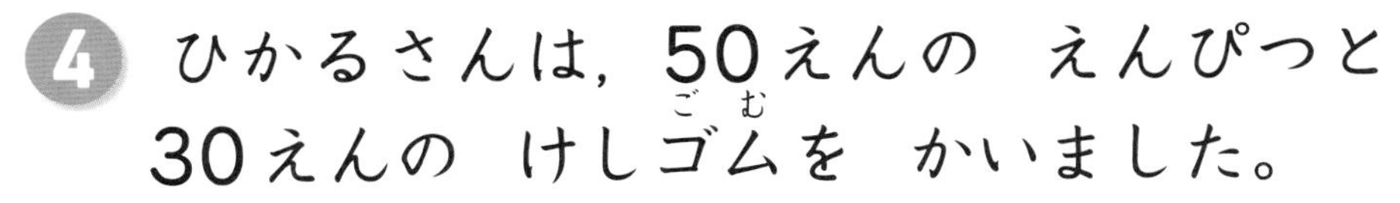

4 ひかるさんは，50えんの　えんぴつと　30えんの　けしゴム（ごむ）を　かいました。

❶ あわせて　なんえんに　なりましたか。

しき 

こたえ（　　　）

❷ えんぴつと　けしゴムの　ねだんの　ちがいは　なんえんですか。

しき □

こたえ（　　　）

5 まなみさんは　おりがみを　27まい　もって　います。ふねを　おるのに　3まい　つかいます。おりがみは　なんまい　のこりますか。

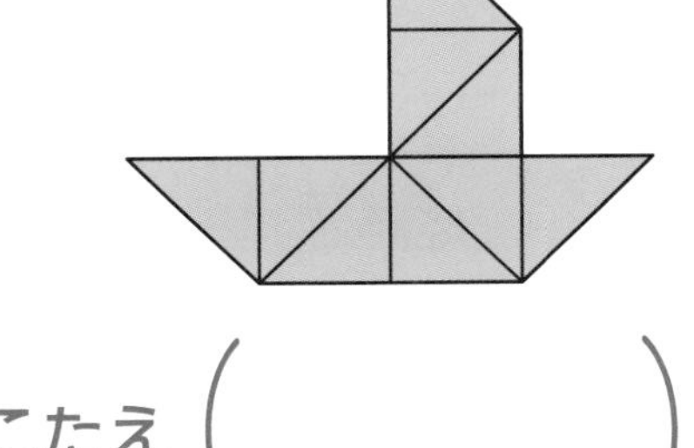

しき 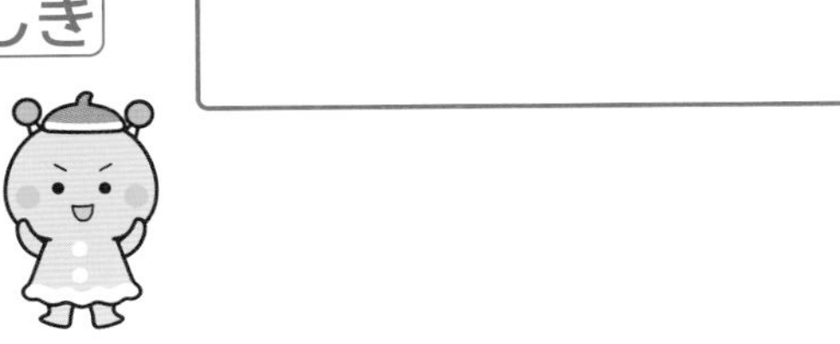

こたえ（　　　）

べんきょうした 日　月　日

まとめのテスト❶

こたえ 14ページ

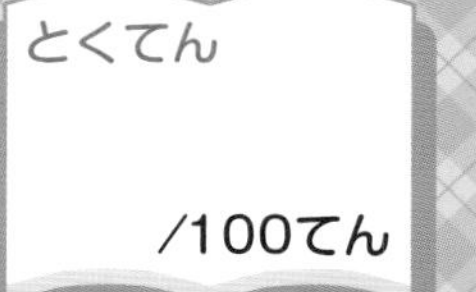

とくてん　/100てん

1 よくでる □に かずを かきましょう。　1つ5〔30てん〕

❶ 10が 9こと 1が 4こで □

❷ 76は 10が □ こと 1が □ こ

❸ 10が 8こで □

❹ 100より 3 ちいさい かずは □

❺ 100より 10 おおきい かずは □

2 よくでる あかい おはじきが 40こ，あおい おはじきが 60こ あります。おはじきは あわせて なんこ ありますか。　1つ15〔30てん〕

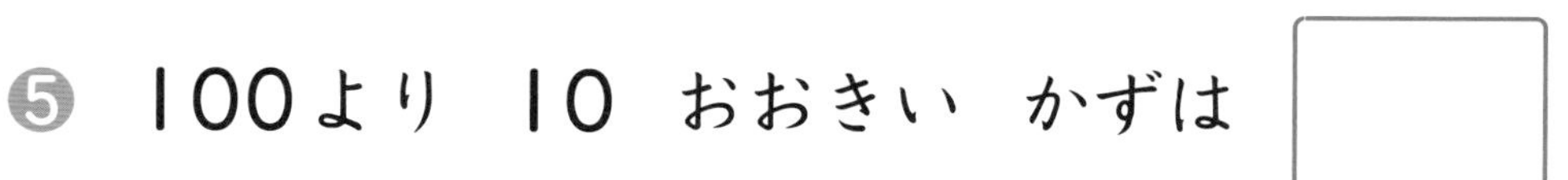

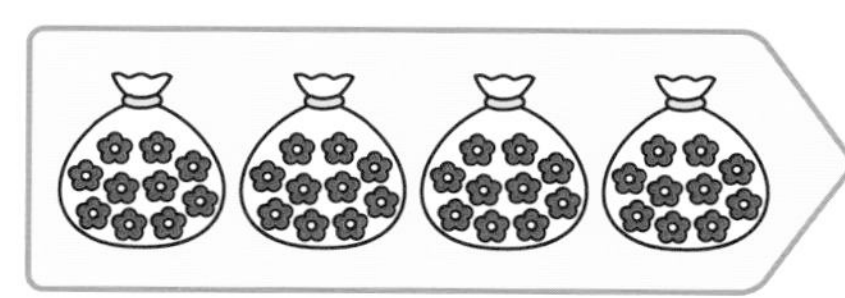

しき □　　こたえ（　　）

3 いろがみを 24まい もって います。4まい つかうと，のこりは なんまいに なりますか。　1つ20〔40てん〕

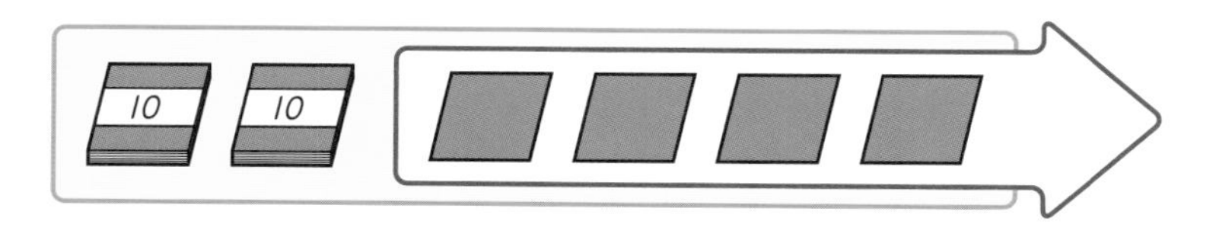

しき □　　こたえ（　　）

□100より おおきい かずや ちいさい かずが いえるかな。
□おおきい かずの たしざんや ひきざんが できるかな。

まとめのテスト②

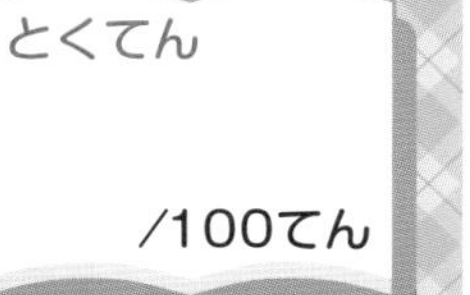

こたえ 14ページ

1 □に　かずを　かきましょう。　1つ5〔40てん〕

❶

❷
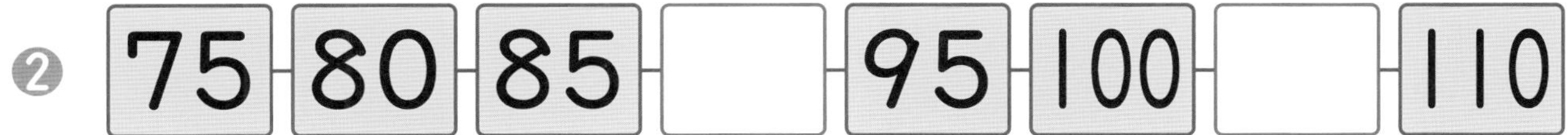

❸

2 けいさんを　しましょう。　1つ5〔20てん〕

❶ $20+80=$ □　　❷ $53+2=$ □

❸ $70-20=$ □　　❹ $36-5=$ □

3 こどもが　30にん　あそんで　いました。あとから　8にん　きました。こどもは　ぜんぶで　なんにんに　なりましたか。

1つ10〔20てん〕

しき □　　こたえ（　　）

4 40えんの　けしゴム(ごむ)を　かって，100えんだまで　はらいました。おつりは　いくらですか。　1つ10〔20てん〕

しき □

こたえ（　　）

□かずの　ならびかたを　みて　かずを　かく　ことが　できたかな。
□おおきい　かずの　ぶんしょうだいが　できるかな。

べんきょうした 日　　月　　日

① なんじなんぷん
きほんのワーク

こたえ 15ページ

やってみよう

☆ つぎの　とけいを　よみましょう。

いえを　でる

8じ5ふん

がっこうに　つく

たいせつ
みじかい　はりで　「○じ」，ながい　はりで　「○ふん」を　よみます。

1 つぎの　とけいを　よみましょう。

①

ボールあそび

②

しゅくだい

2 11じ20ぷんの　とけいは，あ，いの　どちらですか。

あ

い

おうちのかたへ　何時何分の時計を読めるようにします。時計の読めないお子さんが増えていますので，時計を読む習慣を身につけましょう。

③ えを　みて　とけいを　よみましょう。

❶ あさ　めが　さめる。

❷ がっこうで　じゅぎょうを　うける。

❸ ゆうごはんを　たべる。

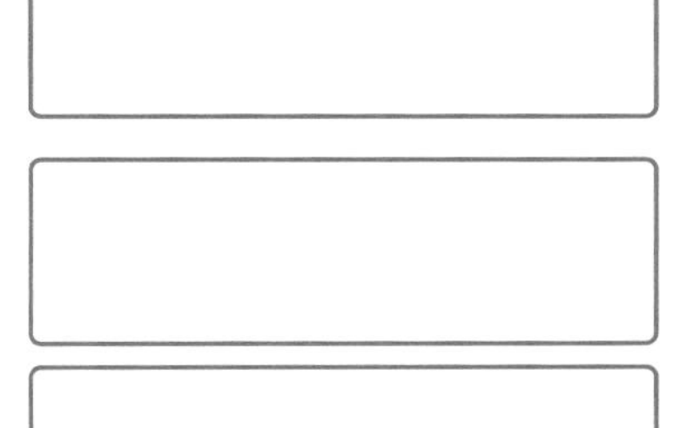

④ おはなしに　あう　とけいを　●──●で　むすびましょう。

がっこうに　いく。

そとで　あそぶ。

きゅうしょくを　たべる。

べんきょうした 日　月　日

まとめのテスト①

こたえ 15ページ

1 えを　みて　とけいを　よみましょう。

1つ10〔30てん〕

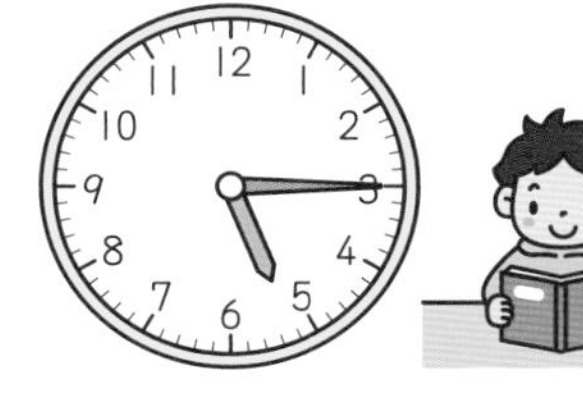

ほんを　よむ

てつだい

トランプ

❶ ほんを　よむ。

❷ てつだいを　する。

❸ トランプ（とらんぷ）を　する。

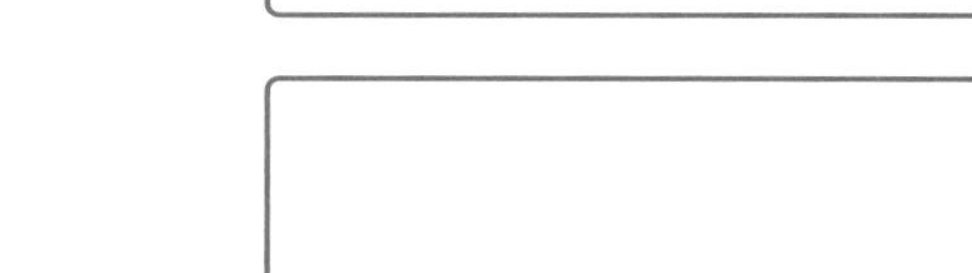

2 よくでる なんじなんぷんですか。

1つ10〔30てん〕

❶

❷

❸

3 ながい　はりを　かきましょう。

1つ20〔40てん〕

❶ 9じ15ふん

❷ 2じ53ぷん

□なんじなんぷんの　とけいが　よめたかな。
□とけいの　ながい　はりを　かく　ことが　できたかな。

まとめのテスト②

こたえ 15ページ

じかん 20ぷん

とくてん /100てん

1 なんじなんぷんですか。

1つ10〔60てん〕

❶ ❷ ❸

❹ ❺ ❻

2 •—•で むすびましょう。

1つ10〔40てん〕

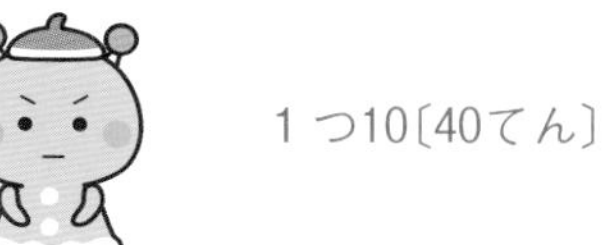

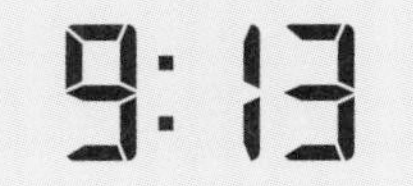

5:25	7:40	9:13	11:40

□なんじなんぷんの とけいが よめるかな。
□うえと したの とけいを むすぶ ことが できたかな。

べんきょうした 日　月　日

① ずを つかって かんがえよう (1)

きほんのワーク

こたえ 15ページ

やってみよう

☆ さとるさんは まえから 7ばんめに います。
さとるさんの うしろに 5にん います。みんなで
なんにん いますか。

7ばんめ
まえ ○○○○○○●○○○○○ うしろ
7にん　5にん

かんがえかた
ずを みて
7+5の しきを
つくります。

しき　　こたえ

1 14にんの こどもが 1れつに ならんで います。
はるかさんは まえから 8ばんめに います。はるかさんの
うしろに なんにん いますか。

14にん
まえ ○○○○○○○●○○○○○○ うしろ
8ばんめ

しき　　こたえ（　　）

2 こどもが 9にん いすに すわって います。
いすは あと 4こ あまって います。
いすは ぜんぶで なんこ ありますか。

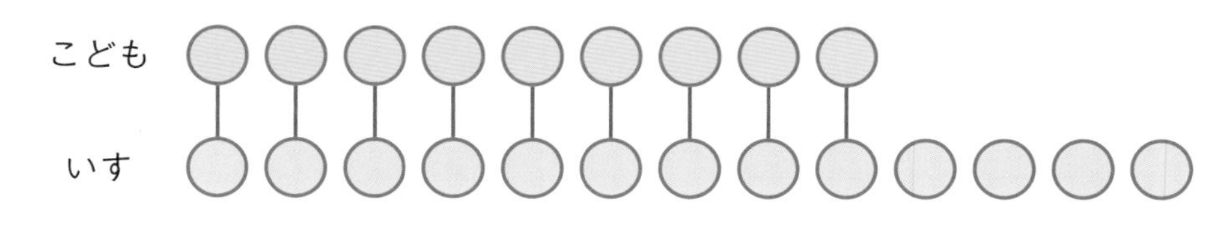

しき　　こたえ（　　）

おうちのかたへ　図を見て計算のしかたを考えます。場面をしっかり理解して式をつくるようにします。文章のみで図がない問題は，まず図をかいてみましょう。

3 バス(ばす)ていで　1れつに　ならんで　います。こうへいさんは　まえから　6ばんめで，こうへいさんの　うしろに　7にん　います。みんなで　なんにん　いますか。

6ばんめ

まえ　〇〇〇〇〇●〇〇〇〇〇〇〇　うしろ

しき

こたえ（　　　）

4 こどもが　1れつに　ならんで　います。えりなさんの　まえに　4にん　います。えりなさんの　うしろに　3にん　います。ぜんぶで　なんにん　ならんで　いますか。

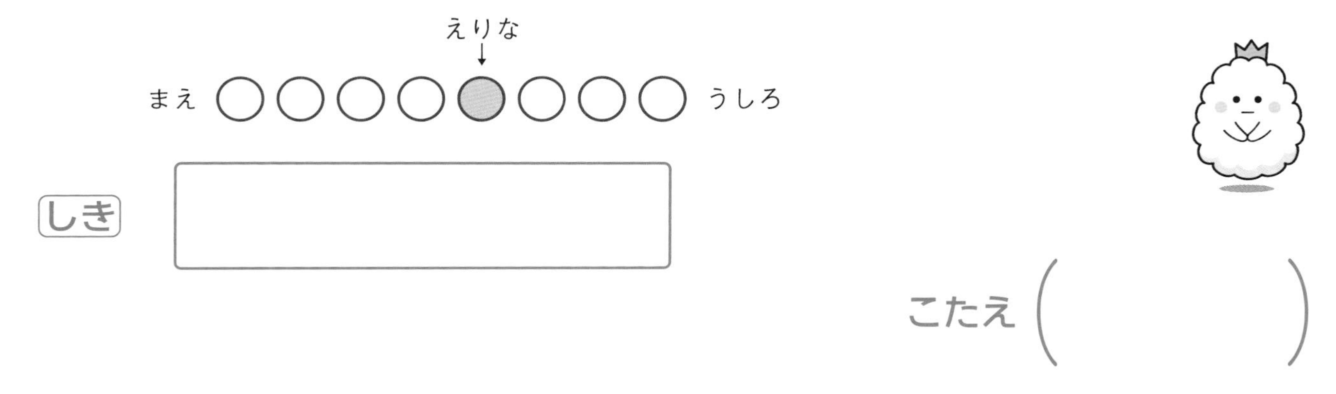

5 5にんが　1こずつ　ボール(ぼうる)を　もって　います。ボールは　あと　4こ　あります。ボールは　ぜんぶで　なんこ　ありますか。

ひと　△△△△△

ボール　〇〇〇〇〇〇〇〇〇

しき

こたえ（　　　）

べんきょうした 日　月　日

② ずを つかって かんがえよう(2)

きほんのワーク

こたえ 15ページ

やってみよう

☆ あかい おはじきが 8こ あります。あおい おはじきは，あかい おはじきより 5こ おおく あります。あおい おはじきは，なんこ ありますか。

8こ

あか ○○○○○○○○

あお ○○○○○○○○○○○○○

5こ おおい

かんがえかた
ずを みて，しきを かんがえます。

しき　　　こたえ

1 りんごを 7こ かいました。みかんは，りんごより 4こ おおく かいました。みかんは，なんこ かいましたか。

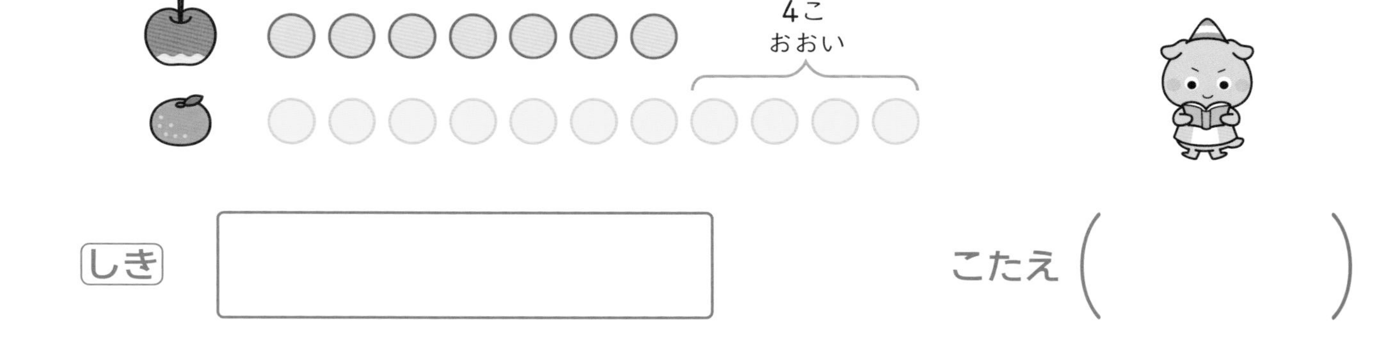

しき　　　こたえ（　　）

2 プリン(ぷりん)を 12こ かいました。ケーキ(けえき)は，プリンより 3こ すくなく かいました。ケーキは なんこ かいましたか。

しき　　　こたえ（　　）

おうちのかたへ
2つの数量のうちの大きい方を求める(求大)，小さい方を求める(求小)の場面の違いに注意します。身のまわりのもので，問題をつくってみましょう。

3 しろい　うさぎが　8ひき　います。
ちゃいろい　うさぎは，しろい　うさぎより
6ぴき　おおいそうです。ちゃいろい
うさぎは　なんびき　いますか。

しろ ○○○○○○○○
ちゃいろ ●●●●●●●●●●●●●●
おおい

しき

こたえ（　　　）

4 れなさんと　けんとさんは　カード（かあど）あそびを　しました。
れなさんは　13まい　とりました。けんとさんは，
れなさんより　6まい　すくなく　とりました。けんとさんは
なんまい　とりましたか。

れな ●●●●●●●●●●●●●
けんと ●●●●●●●
すくない

しき

こたえ（　　　）

5 ガム（がむ）を　9こ　かいました。あめは，ガムより　6こ　おおく
かいました。あめは　なんこ　かいましたか。

ガム ●●●●●●●●●
あめ ○○○○○○○○○○○○○○○

しき

こたえ（　　　）

べんきょうした 日　　月　　日

まとめのテスト①

こたえ 15ページ

じかん 20ぷん

とくてん　/100てん

1 よくでる 13にんの こどもが よこに 1れつに ならんで います。りょうたさんは みぎから 4ばんめです。りょうたさんの ひだりに なんにん いますか。 1つ10〔20てん〕

ひだり　りょうた　みぎ

しき

こたえ（　　）

2 よくでる こどもが 1れつに ならんで います。ゆなさんは まえから 7ばんめで，ゆなさんの うしろに 8にん います。こどもは みんなで なんにん いますか。 1つ10〔20てん〕

しき

こたえ（　　）

3 あめを 1こずつ 6にんに くばったら，7こ あまりました。あめは はじめ なんこ ありましたか。

1つ15〔30てん〕

ひと

あめ

しき

こたえ（　　）

4 プリン（ぷりん）が 14こ あります。9にんの こどもに 1こずつ くばると，プリンは なんこ のこりますか。 1つ15〔30てん〕

しき

こたえ（　　）

□ずを みて しきを かけたかな。
□ずを みて ものと ひとの かんけいが わかったかな。

まとめのテスト②

じかん 20ぷん

とくてん /100てん

こたえ 16ページ

1 よくでる あかい はなが 9ほん さいて います。きいろい はなは，あかい はなより 2ほん おおく さいて います。きいろい はなは なんぼん さいて いますか。 1つ10〔20てん〕

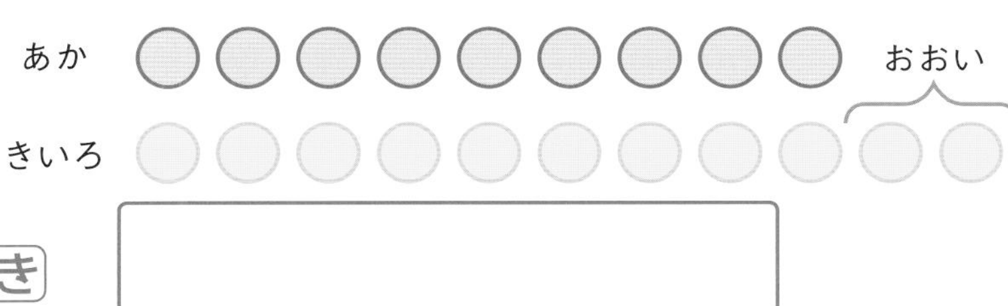

しき

こたえ（　　　）

2 いぬが 8ぴき います。ねこは，いぬより 5ひき おおい そうです。ねこは，なんびき いますか。 1つ15〔30てん〕

しき

こたえ（　　　）

3 よくでる あめを 15こ かいました。ガム（がむ）は，あめより 6こ すくなく かいました。ガムは なんこ かいましたか。 1つ10〔20てん〕

しき

こたえ（　　　）

4 よこに 2れつに なって しゃしんを とります。まえの れつは，7この いすに ひとりずつ すわり，うしろに 6にん たちます。しゃしんは なんにんで とりますか。 1つ15〔30てん〕

しき

こたえ（　　　）

□ずを みて おおい すくないの かんけいが わかったかな。
□ぶんしょうを よんで ただしい こたえが だせたかな。

べんきょうした 日　　月　　日

① かたちづくり
きほんのワーク

こたえ 16ページ

☆ したの　かたちは　　の　いろいたを　なんまい　つかって　いますか。

❶ 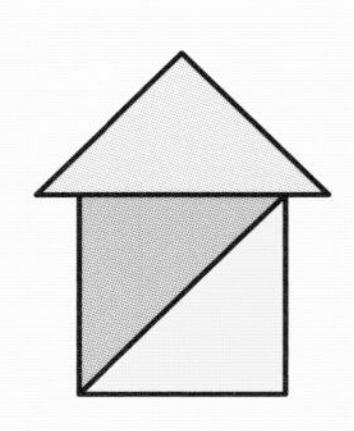

□まい

❷ 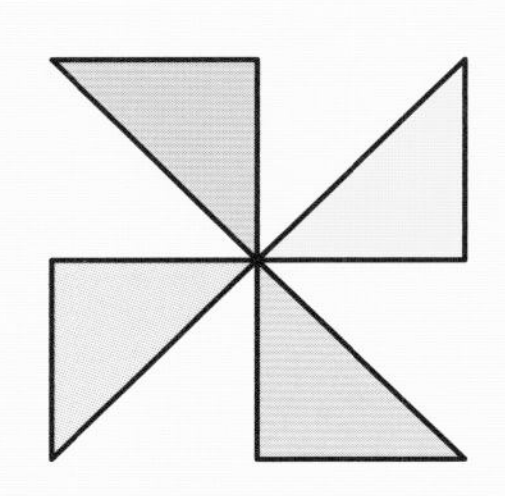

□まい

たいせつ
いろいたを　ならべて，いろいろな　かたちを　つくって　みましょう。

1 したの　かたちは　の　いろいたを　なんまい　つかって　いますか。

❶ 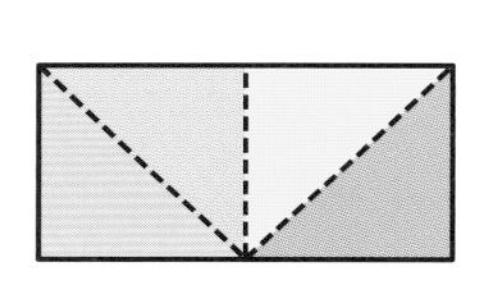

□まい

❷ 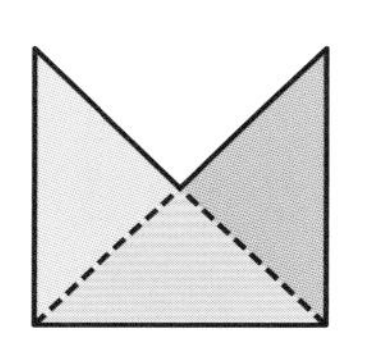

□まい

❸ 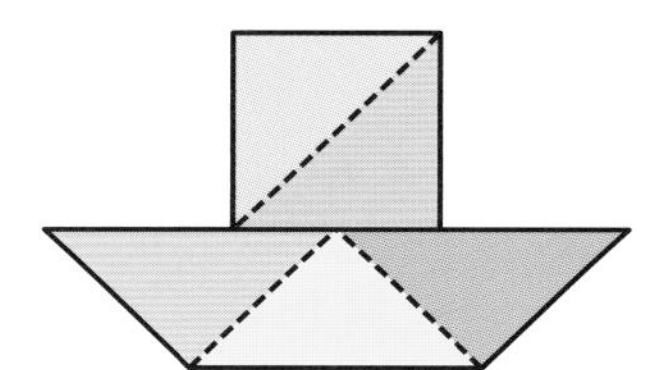

□まい

2 したの　かたちは　の　ぼうを　なんぼん　つかって　いますか。

❶ 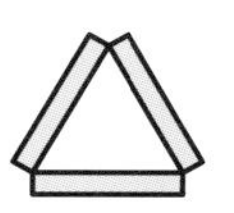

□ぼん

❷ 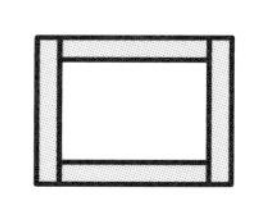

□ほん

❸ 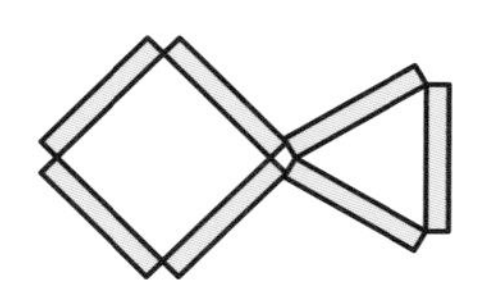

□ほん

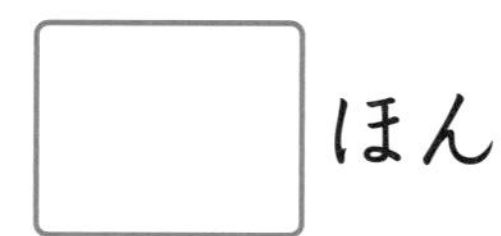

おうちのかたへ　色板を組み合わせて図形をつくったり，棒を使って図形をつくったりすることは，平面図形の基礎力を高めます。色板や棒を使って，いろいろな形をつくってみましょう。

まとめのテスト

じかん 20ぷん

とくてん　/100てん

こたえ 16ページ

1 の いろいたを 3まい ならべました。どのように ならべたか ──(せん)を ひいて わけましょう。

1つ10〔30てん〕

❶ ❷ ❸

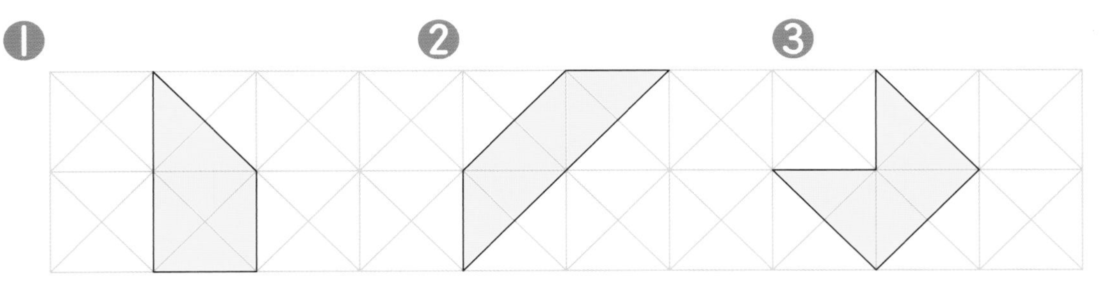

2 もとの かたちの いろいたを 1まいだけ うごかして かたちを つくりました。うごかした いろいたを ㋐～㋓の きごうで こたえましょう。

1つ10〔30てん〕

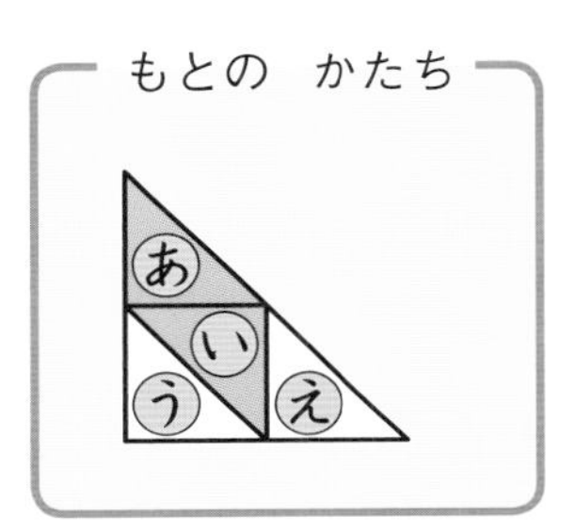

❶

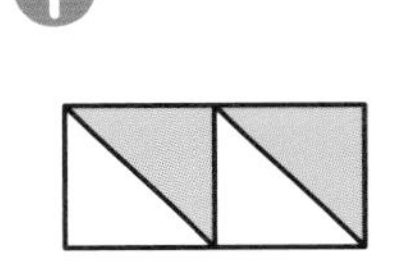

❷

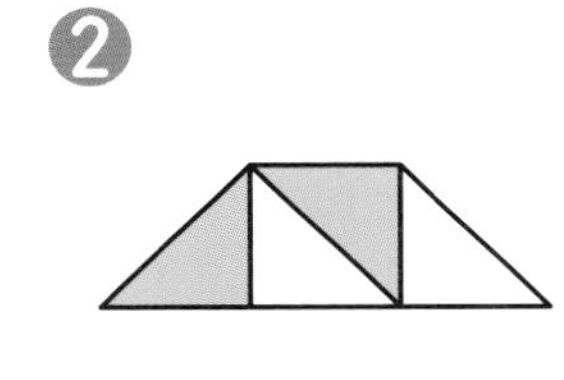

❸

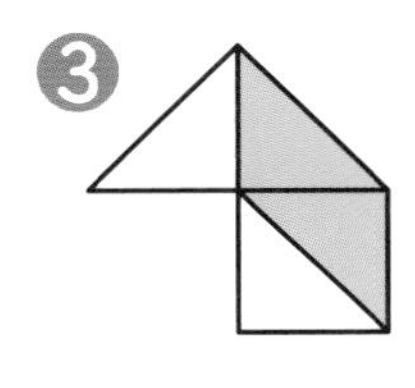

3 ひだりの かたちと おなじ かたちを かきましょう。

1つ20〔40てん〕

❶

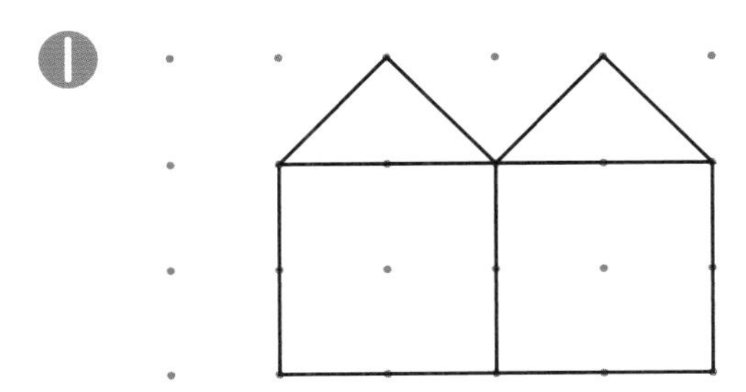

❷

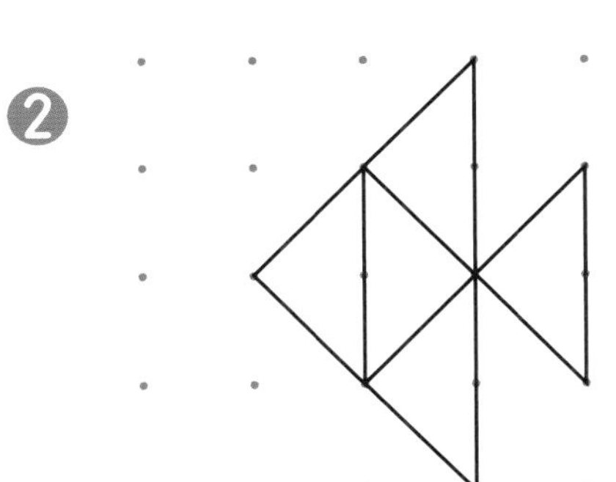

□うごかした いろいたが どれか わかったかな。
□おなじ かたちを かく ことが できたかな。

べんきょうした 日　　月　　日

① くばりかた きほんのワーク

こたえ 16ページ

やってみよう

☆ こどもが　3にん　います。
あめを　ひとりに　2こずつ　くばります。
あめは　ぜんぶで　なんこ　いりますか。

❶ ○を　なぞって　かきましょう。

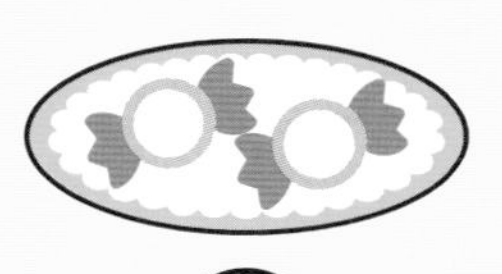

かんがえかた
ブロック(ぶろっく)を　おいたり
えに　かいたりして
かんがえよう。

❷ なんこ　いりますか。しきに　かいて
たしかめましょう。

しき　2＋□＋2＝6　　こたえ　□こ

1 3にんの　こどもに　いちごを　5こずつ　くばります。
ぜんぶで　なんこ　いりますか。

を　なぞって　かきましょう。

□こ

2 せんべいが　8まい　あります。ひとりに　2まいずつ
くばると，なんにんに　くばれますか。

―を　なぞって　かきましょう。

□にん

おうちのかたへ　2年生，3年生で学習するかけ算，わり算のもとになる考えです。確かな理解を促すために，文を読んだら，その場面を図や絵にかいてみましょう。

3 ケーキ（けえき）が　6こ　あります。

❶　ひとりに　2こずつ　わけると，なんにんに　わけられますか。 を　なぞって　かきましょう。

□にん

❷　ふたりで　おなじ　かずずつ　わけると，ひとり　なんこ　もらえますか。

□こ

ふたりに　おなじ
かずずつ　わけるには，
どうしたら　よいかな。

4 プリン（ぷりん）が　10こ　あります。ふたりで　おなじ　かずずつ　わけましょう。

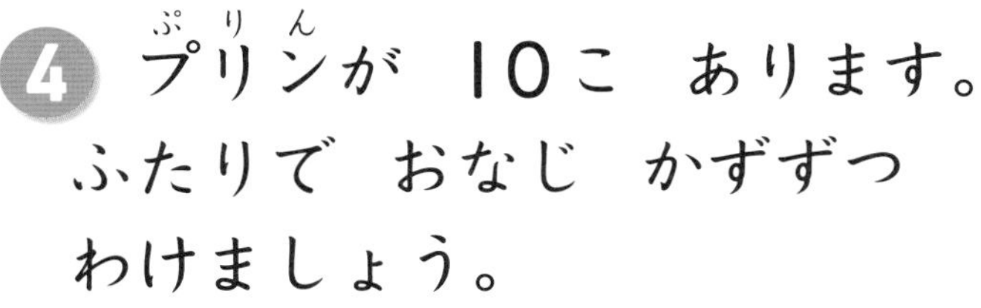

❶　さらに　○を　かいて　わけましょう。

❷　ひとり　なんこ　もらえますか。

□こ

5 おにぎりが　10こ　あります。ひとりに　2こずつ　わけると，なんにんに　わけられますか。

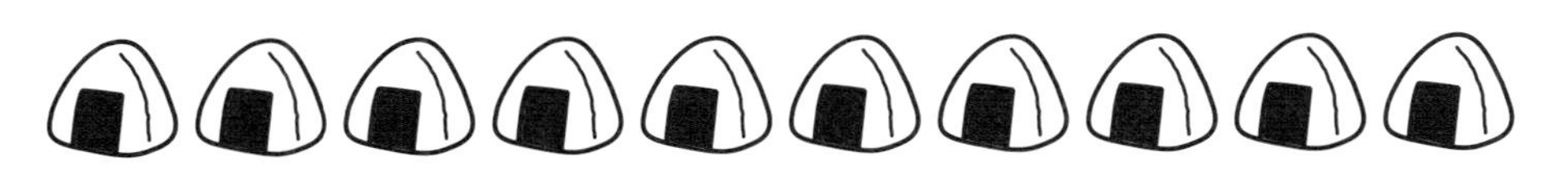
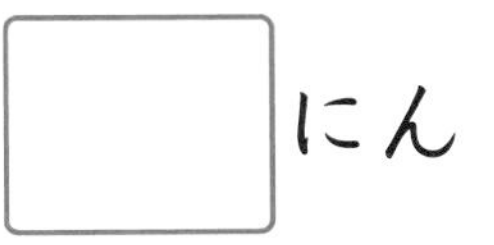

□にん

べんきょうした 日　月　日

まとめのテスト①

じかん 20ぷん

とくてん　/100てん

こたえ 16ページ

1 よくでる さらが 3まい あります。1さらに ケーキ(けえき)を 2こずつ のせます。　1つ10〔40てん〕

❶ ぶんに あう えは どちらですか。

あ

い

❷ ケーキは なんこ いりますか。しきに かいて たしかめます。□に かずを かきましょう。

しき　2＋□＋□＝6　　こたえ □こ

2 えんぴつ 12ほんを おなじ かずずつ わけます。　1つ30〔60てん〕

❶ 3にんで わけると，ひとり なんぼん もらえますか。

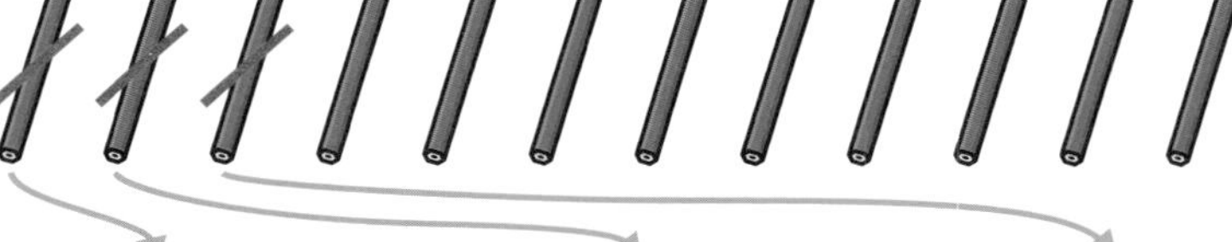

□ほん

❷ 4にんで わけると，ひとり なんぼん もらえますか。

□ぼん

□えを みて たしざんの しきを つくる ことが できたかな。
□おなじ かずずつ わけられたかな。

まとめの テスト②

こたえ 16ページ

1 はこの　なかの　りんごを　ふたりで　おなじ　かずに　なるように　わけます。さらに　○を　かいて　りんごを　わけましょう。

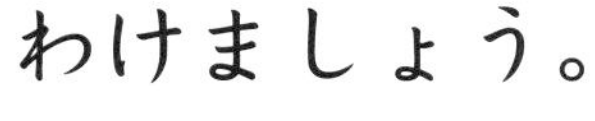

1つ15〔60てん〕

❶

→

❷

→

❸

→

❹

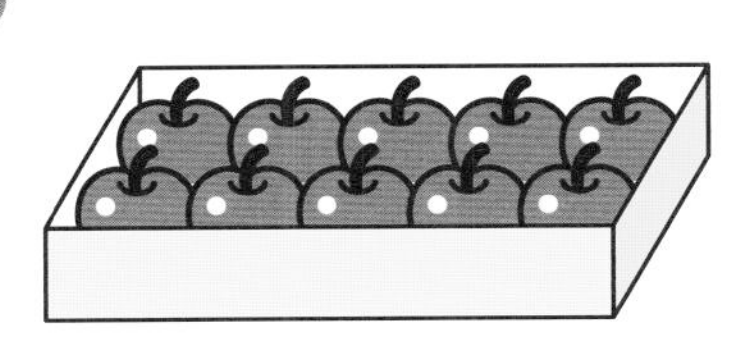
→

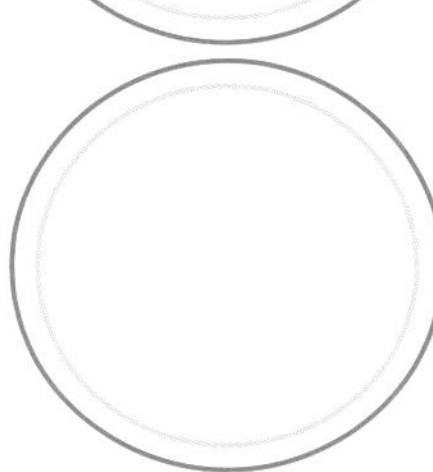

2 ドーナツ(どうなつ)が　15こ　あります。

1つ20〔40てん〕

❶ 5にんで　おなじ　かずずつ　わけると，ひとり　なんこ　もらえますか。

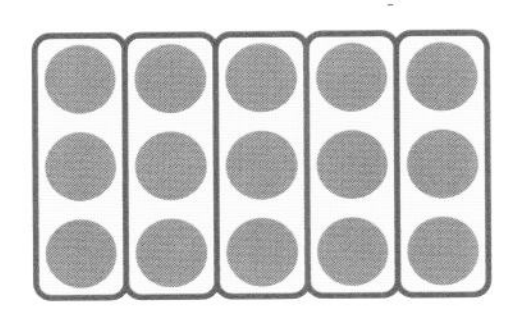

こ

❷ 3にんで　おなじ　かずずつ　わけると，ひとり　なんこ　もらえますか。

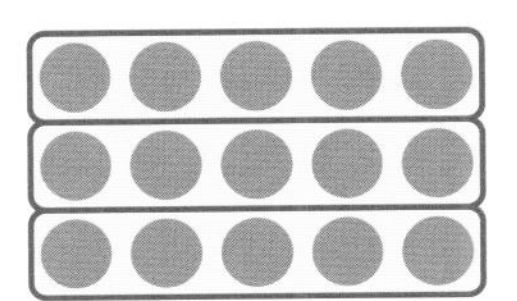

こ

□ずに　かいて　かんがえる　ことが　できたかな。
□おなじ　かずずつ　わける　ことが　できたかな。

べんきょうした 日　月　日

まとめのテスト①

じかん 20ぷん

こたえ 16ページ

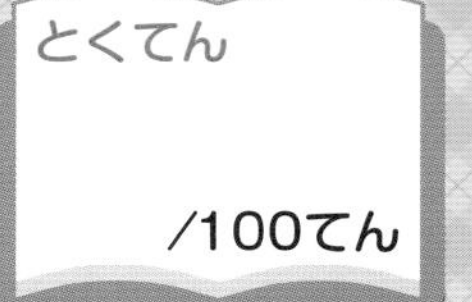

1 えを みて こたえましょう。　1つ16〔80てん〕

①

②

③ あ い

④ ⑤

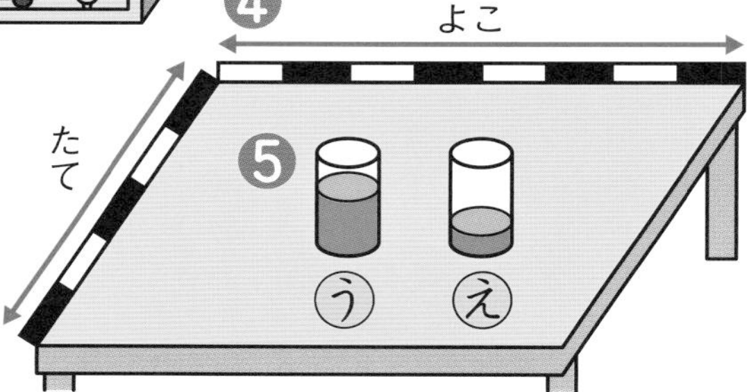

① ふねの ほんは ほんだなの みぎから なんばんめに ありますか。　（　　　）

② なんじなんぷんですか。　（　　　）

③ あ，いは どちらが ひろいですか。　（　　　）

④ テーブル（てえぶる）の たてと よこでは どちらが ながいですか。　（　　　）

⑤ う，えは どちらが おおいですか。　（　　　）

2 はとが 5わ います。あとから 3わ とんで きました。はとは なんわに なりましたか。　1つ10〔20てん〕

しき

こたえ（　　　）

チェック
□ながさ，ひろさ，かさを くらべる ことが できるかな。
□ぶんしょうを よんで しきを つくる ことが できたかな。

まとめのテスト②

こたえ 16ページ

1 🍎は 🍊より なんこ おおいですか。 1つ10〔20てん〕

しき

こたえ（　　　）

2 よくでる おとなが 5にん，こどもが 9にん います。

❶ あわせて なんにん いますか。 1つ10〔40てん〕

しき

こたえ（　　　）

❷ こどもは おとなより なんにん おおいですか。

しき

こたえ（　　　）

3 あめが 15こ あります。ともだちに 6こ あげると，のこりは なんこに なりますか。

1つ10〔20てん〕

しき

こたえ（　　　）

4 よくでる バス（ばす）に おきゃくさんが 8にん のって いました。5にん おりました。その あと 4にん のって きました。おきゃくさんは なんにんに なりましたか。 1つ10〔20てん〕

しき

こたえ（　　　）

チェック
□たしざんと ひきざんの どちらの しきに なるか わかったかな。
□たしざんや ひきざんの けいさんを して こたえが だせたかな。

べんきょうした 日　　月　　日

まとめのテスト③

じかん 20ぷん

とくてん　　/100てん

こたえ 16ページ

1 こどもが 1れつに ならんで います。えりかさんは まえから 8ばんめで，えりかさんの うしろに 6にん います。こどもは みんなで なんにん いますか。　1つ15〔30てん〕

えりか↓

まえ ○○○○○○○●○○○○○○ うしろ

しき

こたえ（　　）

2 ケーキ（けえき）が 16こ ありました。おねえさんが 2こ，いもうとが 3こ たべました。ケーキは なんこ のこりましたか。　1つ10〔20てん〕

しき

こたえ（　　）

3 さとるさんの クラス（くらす）は 34にんです。きょうは 3にん やすみました。きょう しゅっせきして いるのは なんにんですか。　1つ15〔30てん〕

しき

こたえ（　　）

4 まみさんは おかしを かって，10えんだまを 6こと，1えんだまを 5こ はらいました。いくら はらいましたか。　〔20てん〕

（　　）

チェック
□ずを みて しきを つくる ことが できたかな。
□おおきい かずの けいさんが できたかな。

教科書ワーク

こたえとてびき

「こたえとてびき」は，とりはずすことができます。

全教科書対応

文章題・図形 1ねん

つかいかた

まちがえた問題は，もういちどよく読んで，なぜまちがえたのかを考えましょう。正しい答えを知るだけでなく，なぜそうなるかを考えることが大切です。

1 かずと すうじ

2ページ きほんのワーク

☆

❶

❷ きつね ●●●●● たぬき ●●●●○ きつね(が おおい。)

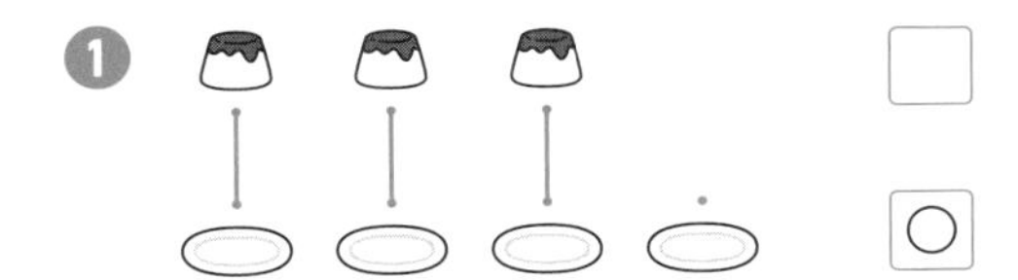

3ページ きほんのワーク

☆

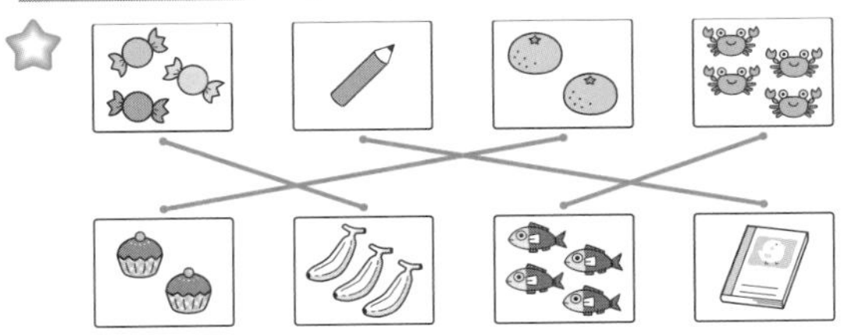

❶

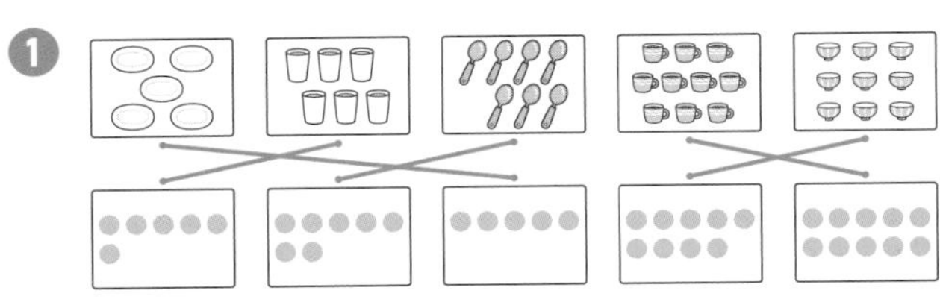

❷ ❶ 8(ひき) ❷ 3(びき) ❸ 6(ぴき)

4ページ きほんのワーク

☆

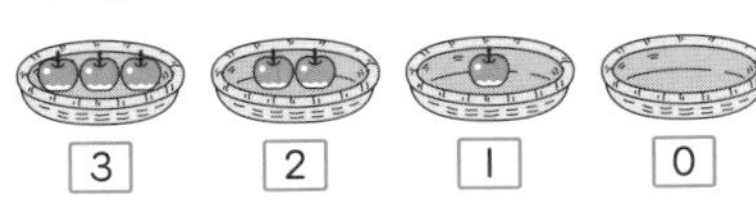

3 2 1 0

❶ ❶ 3 ❷ 0 ❸ 2

❷ ❶ 4 ❷ 2 ❸ 0

てびき 何もないことを「0」と表すことが理解しにくいお子さんが多く見られます。皿にクッキーなどをのせ，1枚ずつ食べていって，何もなくなったときが「0」というように，具体的な物を使って理解できるとよいでしょう。

5ページ きほんのワーク

☆ ❶ 1-2-3-4-5 ❷ 6-7-8-9-10

❶ ❶ 1 2 3 4 5 6 7 8 9 10

❷ 10 9 8 7 6 5 4 3 2 1

❸ 2 4 6 8 10 ❹ 4 3 2 1

❷ ❶ ❷

❸ 7-6 ○ ❹ 10-9 ○ ❺ 8-1 ○

6ページ まとめのテスト❶

1 4 3 8 9 6 7 1 2 5

2 3 → 1 → 0 → 2

7ページ まとめのテスト❷

1 1-2-3-4-5 10-9-8-7-6

10-9-8-7-6 1-2-3-4-5

2 ❶ 2　❷ 6　❸ 10　❹ 9
3 ❶ 9　❷ 2　❸ 6　❹ 7

てびき　|から|0までの数を|から順に，また，|0から逆に数えられるようにしましょう。

2 なんばんめ

8ページ きほんのワーク

☆ ❶ 
❷ 

① ❶ 
❷ 

② ❶
❷
❸
❹

てびき　「4台」「4台目」の違い，「前から」「右から」という言葉にも注意するようにしましょう。

9ページ きほんのワーク

☆ ❶ 4(ばんめ)　❷ 2(ばんめ)
① ❶ 2(ばんめ)
❷ (みぎから)2(ばんめ)，(ひだりから)6(ばんめ)
② ❶ (まえから)4(ばんめ)，(うしろから)5(ばんめ)
❷ 3(にん)

てびき　順序や位置を表す数を「順序数（じゅんじょすう）」といいます。「前→後」のように，基準を変えると，2通りに表すことができます。

10ページ まとめのテスト❶

1 ❶ ㋒　❷ 5(ばんめ)
❸ 2(ばんめ)
❹❺ したの　ず

❻ 7(こ)

2 ❶
❷
❸
❹

てびき　何番目(順序数)と何個(集合数（しゅうごうすう）)を正しく理解できているかどうかを確かめます。
1 は❷と❸，❹と❺の違いが理解できていないお子さんが多く見られます。「左から」「右から」の違いに気をつけるように指導してください。特に❹の「4個」を㋓だけに○をつける間違いが多いので注意しましょう。
2 は，❶❷が順序数，❸❹は集合数です。「め」が|つつくだけで意味が異なることをしっかりと押さえましょう。

11ページ まとめのテスト❷

1 ❶ りす　❷ うさぎ
❸ (したから)4(ばんめ)
(うえから)3(ばんめ)
❹ 2(ひき)　❺ 6(ばんめ)

2 ❶ ひだりから　3 ばんめ
❷ みぎから　2 ばんめ
❸ ひだりから　| ばんめ
❹ みぎから　3 ばんめ

てびき　**1** は，上や下から何番目かを見ていきます。❸では，「下→上」のように基準を変えると2通りに表すことができます。

3 いくつと いくつ

12ページ きほんのワーク

☆ ❶ 4は　|と　3
❷ 4は　2と　2
❸ 4は　3と　|

① ❶ |と　4　❷ 2と　3
❸ 3と　2　❹ 4と　|

② 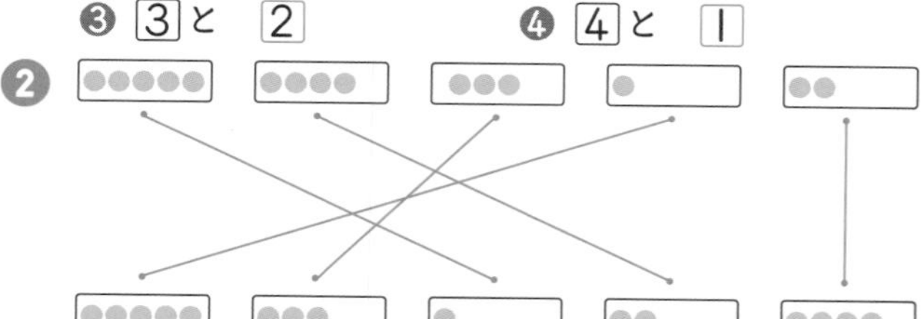

13ページ きほんのワーク

☆ 1 2 3 4 5 6
6 5 4 3 2 1

❶ 1 2 6 3 5 7 4

6 2 7 5 4 1 3

❷ ❶ 6と 3　❷ 2と 7
❸ 3と 6　❹ 7と 2
❺ 5と 4　❻ 1と 8
❼ 4と 5　❽ 8と 1

てびき　たとえば，7という数は「1と6」「2と5」「3と4」「4と3」「5と2」「6と1」と見ることができます。このように，7という数を2と5を合わせた数と見るような場合を合成(ごうせい)といいます。また，逆に7を2と5に分けて見るような場合を分解(ぶんかい)といいます。合成的な見方と分解的な見方は表裏の関係になっていて，これから学ぶたし算・ひき算の基礎になります。しっかりと理解しましょう。

7 ←（合成）― 2と5
7 ―（分解）→ 2と5

14ページ きほんのワーク

☆

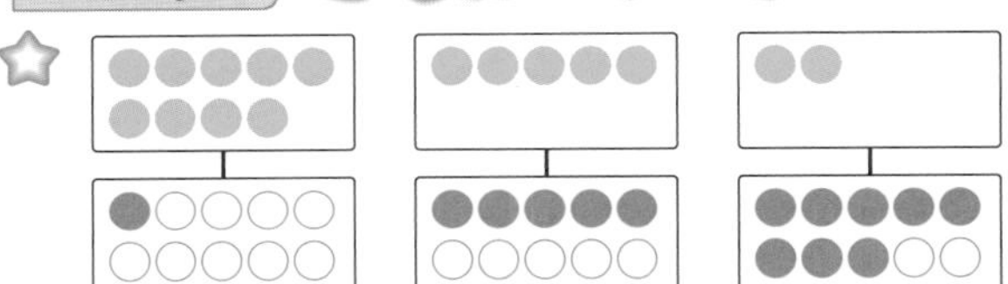

❶ ❶ 1と 9
❷ 2と 8　❸ 3と 7
❹ 4と 6　❺ 5と 5
❻ 6と 4　❼ 7と 3
❽ 8と 2　❾ 9と 1

❷ ❶ 4(つ)　❷ 2(つ)

てびき　10の合成・分解です。これから学ぶ算数の基本となる考え方ですので，しっかりと理解することが大切です。「1と9」「2と8」「3と7」「4と6」「5と5」の組み合わせをすぐに答えられるようにしましょう。お子さんとクイズのように問題を出し合い，「たして10」ゲームをしてみましょう。「1」といったら「9」，「7」といったら「3」といい返すように順番にいい合ってみてください。

❷❶は「ちょうちょが6だから，あと4で10」というように，お子さんに説明させてみると，理解が深まります。

15ページ きほんのワーク

☆ ❶ と 4
❷ と 7

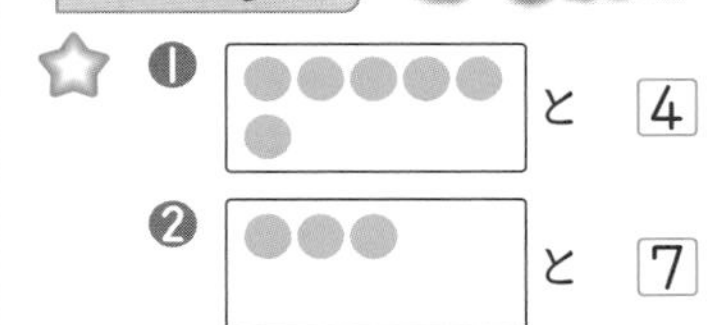

❶ ❶ 10は 4と 6　❷ 10は 2と 8
❸ 10は 7と 3　❹ 10は 1と 9
❺ 5と 5で 10　❻ 9と 1で 10

❷ ❶ 3(だい)　❷ 5(だい)　❸ 7(だい)

てびき　10の合成・分解は，くり上がり・くり下がりの計算にかかせません。しっかり定着させましょう。❶のような問題にとまどうお子さんが少なくありません。□の場所が変わっても答えられるようにしましょう。

❷は，車の数を数えて，あと何台で10になるかを考えます。❶はトンネルの外に7台あるから，トンネルの中には3台入っていると，順序立てて考えることができるようにします。

16ページ まとめのテスト❶

1 ❶ 5　❷ 4　❸ 1

2 ❶ 7は 3と 4　❷ 4は 3と 1
❸ 6は 3と 3　❹ 9は 2と 7
❺ 8は 5と 3　❻ 5は 1と 4

3 ❶ ❷ ❸ ❹ ❺

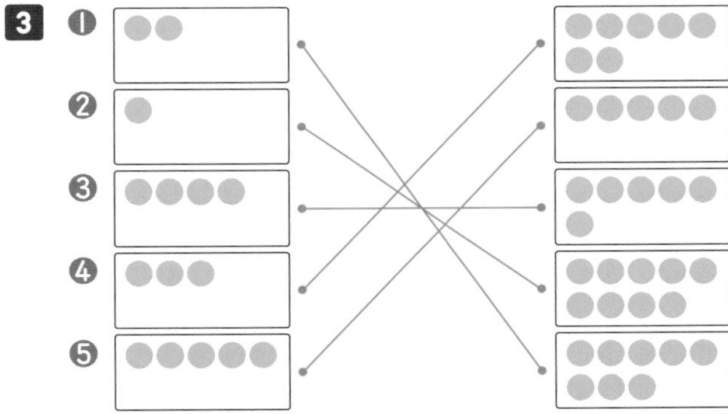

てびき　**1** ❶7は2と5，❷8は4と4，❸5は4と1と考えます。

17ページ まとめのテスト❷

1 ❶ (3と)7　❷ 6(と1)　❸ (4と)2
❹ 4(と5)　❺ (2と)3　❻ 6(と2)

2 4(こ)

3 5(ひき)

4 8(りょう)

4 たしざん

18・19 ページ きほんのワーク

☆ しき 3＋4＝7　こたえ 7ひき
❶ しき 2＋4＝6　こたえ 6つ
❷ しき 5＋4＝9　こたえ 9まい
❸ しき 2＋3＝5　こたえ 5こ
❹ しき 6＋2＝8　こたえ 8ほん
❺ しき 1＋4＝5　こたえ 5こ
❻ しき 5＋3＝8　こたえ 8こ

てびき　たし算の学習が始まります。たし算では，まず「合わせていくつ」から学びます。下の絵のように，同時に存在する2つの数量を合わせた

大きさを求める場合を「合併（がっぺい）」といいます。

合併では2つの物が対等に扱われます。ブロックやおはじきの操作では，両手で左右から

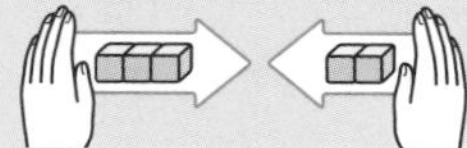

ひき寄せるような操作になります。

20・21 ページ きほんのワーク

☆ しき 6＋3＝9　こたえ 9だい
❶ しき 4＋3＝7　こたえ 7ひき
❷ しき 5＋4＝9　こたえ 9にん
❸ しき 3＋2＝5　こたえ 5わ
❹ しき 7＋3＝10　こたえ 10まい
❺ しき 4＋5＝9　こたえ 9にん
❻ しき 6＋2＝8　こたえ 8こ

てびき　「増えるといくつ」のときもたし算を使います。☆の問題でいうと「車が6台止まっているところに，3台来ると何台になりますか。」のように，初めの数量に追加したり，増加したときの数量を求める場合を「増加（ぞうか）」といいます。

合併では，2つの物が対等に扱われ，ブロックの操作では，両手で左右からひき寄せたのに対し，増加では，先にある物に，別の物が加わ

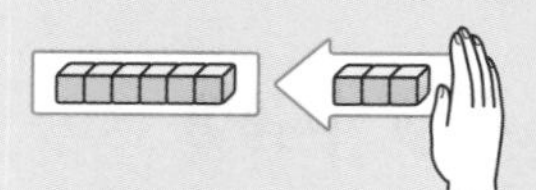

るような操作となり，片手で一方から寄せる動きになります。

合併と増加の違いを「合わせて」「全部で」「増えると」という言葉だけでなく，操作を通して体感しておくと，今後の学習理解に役立ちます。おはじきなど身近な物を使っておさらいしておきましょう。

高学年になって文章題が苦手になるお子さんの多くは，低学年の頃から，文章をよく理解せず，すぐに式にしてしまう傾向があります。文章に出てきた数字を順番にたせばよい，という思い込みをしないためにも，文章を読んだらその場面をイメージすることが大切です。式にすることを急がず，場面を想像してから式に表す習慣を身につけましょう。すぐに式を書き，答えを出すことを急がず，ゆっくりと足元を固めることが大事です。式にすることを急いでいるようであれば，「この問題はどんなお話？」と聞いてみましょう。そして，場面をうまく説明できたら，ほめてあげましょう。「文章を読んだら，その場面を想像してから式にするといいよ。」ということを伝えてください。

22 ページ きほんのワーク

☆ しき 3＋0＝3　こたえ 3こ
❶ しき 0＋4＝4　こたえ 4つ
❷ しき 2＋0＝2　こたえ 2ひき

てびき　「0をたす」ということがよく理解できないお子さんが見られます。具体的な物を動かしてみて，0をたす意味を理解しましょう。

23 ページ きほんのワーク

☆ しき 4＋6＝10
❶ しき 6＋4＝10
❷ ❶ しき 1＋9＝10
　❷ しき 8＋2＝10

てびき　たし算の式をつくる練習をします。文章題に強くなるためには，場面をイメージすることが大切です。「クリームパンとあんパンを合わせて10個買った」という約束で，さまざまなパターンを考えられるようになることをねらっています。問題にある場面だけでなく，「○○ちゃんは，クリームパンを△個，あんパンを○個買って10個にしたよ」というように，自分で場面を創作し，式にしてみることが大切です。たとえば7＋3＝10という式からお話をつくることも学びになります。

24ページ まとめのテスト①

1 ❶ ㋒
❷ しき 3+4=7　こたえ 7 つ

2 ❶ ㋒
❷ しき 6+3=9　こたえ 9 わ

てびき　文章を読んで，そのまま式にするのではなく，場面を正しく理解することが大切です。そのために，**1** は文章を絵に，**2** は文章を図に表して，正しいものを選ぶ問題にしています。
1 は，「赤い花が３つ」という文の最初の部分で㋑か㋒に決まります(㋐は赤い花が４つ)。「青い花が４つ」は㋒。したがって文章に合っているのは㋒になります。文をよく読み，順を追って考えているかどうかを確かめましょう。間違えた場合には，もう一度文章を読み直すところからスタートしましょう。
2 は，文章とイラストで表現したものを図におきかえる問題です。あとから来た分(増加)を◯という図で示していることが理解できていますか？　その図を選んだ理由をお子さんに説明させてみると理解が進みます。

25ページ まとめのテスト②

1 しき 5+1=6　こたえ 6 こ
2 しき 3+2=5　こたえ 5 ひき
3 しき 7+3=10　こたえ 10 ぽん
4 しき 4+6=10　こたえ 10 まい

てびき　たし算のまとめの問題です。たし算の意味を理解しているかどうか，文章をきちんと読んでから式をつくっているかどうか，おうちの方がチェックしてみてください。式にするだけでなく，絵や図に表してみることも大切です。

1 ●●●●● ● 5+1=6
あわせて　いくつ？
2 ●●● ●● 3+2=5
ふえると　いくつ？
3 ●●●●●●● ●●● 7+3=10
4 ●●●● ●●●●●● 4+6=10

１年生では，上のような図をかきながら，図を見てお話をすることができるとよいでしょう。１年生の終わり，または２年生で学習するかけ算の勉強が始まるころに，図がかけるようになれば理想的です。

5 ひきざん

26・27ページ きほんのワーク

☆ しき 5－2＝3　こたえ 3 こ
❶ しき 8－3＝5　こたえ 5 まい
❷ しき 7－4＝3　こたえ 3 にん
❸ しき 6－3＝3　こたえ 3 だい
❹ しき 5－1＝4　こたえ 4 ひき
❺ しき 10－4＝6　こたえ 6 こ
❻ しき 9－2＝7　こたえ 7 こ

てびき　ひき算は，たし算に比べてつまずきが多く見られるので－(ひく)の前と後の数の関係をしっかり理解しましょう。文章を読んだら，すぐに式にするのではなく，場面をイメージするようにします。図に表すことも理解を深める意味で大切です。

❶ ●●●●● ●●● 8－3＝5
❷ ●●● ●●●● 7－4＝3

お子さんにつまずきが見られたら，上のような図を示して理解を促しましょう。下のような図でもかまいません。

❸ ●●●◌◌◌ 6台 止まって いて，3台 出て いくと…
❹ ●●●●◌ 5匹いて，1匹 取ると…
❺ ●●●●●●◌◌◌◌ 4個 食べると…
❻ ●●●●●●●◌◌ 2個 割れると…

28ページ きほんのワーク

☆ しき 6－4＝2　こたえ 2 ほん
❶ しき 9－7＝2　こたえ 2 ひき
❷ しき 10－4＝6　こたえ 6 こ

てびき　26～27ページで学んだ「残りはいくつ」は，求残(きゅうざん)といいます。今回は，「いくつ多いか」という違いを求めるひき算(求差(きゅうさ))を学びます。求差は求残に比べて，理解しづらいといわれます。☆の問題のように，１つずつ線で引いて考えるとよいでしょう。❷は4－10とする間違いが多いようです。気をつけましょう。

りんご ○○○○
いちご ●●●●●●●●●● ちがい

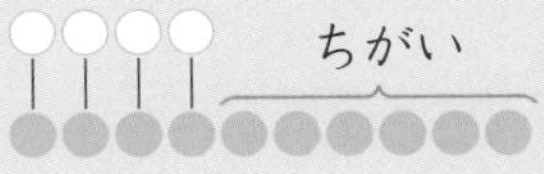

29ページ きほんのワーク

☆ しき 6－4＝2　こたえ 2 こ

❶ しき 7－5＝2　こたえ 2 だい

❷ しき 8－6＝2

こたえ ねこ が 2 ひき おおい。

てびき 「数の違い」を求めるときは，大きい数から小さい数をひくことを徹底します。どちらが多いかを確かめてから式をつくるようにしましょう。

❶ あか ●●●●●●●
　あお ○○○○○ ちがい

❷ いぬ ●●●●●● ちがい
　ねこ ○○○○○○○○

「どちらが，何匹多いですか。」と聞かれているので，「ねこ」が「2」匹多いと答えます。「どちらが いくつ 多い(少ない)」という問題には注意するように，アドバイスしましょう。

30ページ きほんのワーク

☆ 3－1＝2
3－3＝0
3－0＝3

❶ ❶ しき 4－4＝0　こたえ 0 こ
　❷ しき 4－0＝4　こたえ 4 こ

❷ しき 3－0＝3　こたえ 3 つ

てびき 「1個も食べない」「1つも入らない」は，0を表すことをしっかり押さえましょう。

31ページ きほんのワーク

☆ 10－5＝5
10－7＝3
10－10＝0

❶ しき 9－4＝5　こたえ 5 にん

❷ しき 7－5＝2

こたえ しろ い うさぎが 2 ひき おおい。

てびき ひき算の場面を式に表すことを学びます。☆では，10枚の色紙を何枚かずつ使ったときの残りの枚数を答えます。

●●●●●○○○○○ 5枚 使った！

●●●○○○○○○○ 7枚 使ったよ。

○○○○○○○○○○ 全部 使っちゃった。

上のような場面をイメージすることができましたか？言葉や図で説明させてみると理解しているかどうかがわかります。

❶ 

(全体の人数)－(大人の人数)
＝(子どもの人数)
このようなタイプの問題を求補(きゅうほ)といいます。

❷ しろ ○○○○○○○
　ちゃいろ ●●●●● ちがい

「どちらが 何匹多いか」を聞かれているので，「しろ」いうさぎが「2」匹多いと答えます。

32ページ まとめのテスト❶

1 ❶ ㋑
　❷ しき 6－2＝4　こたえ 4 こ

2 ❶ ㋑
　❷ しき 7－3＝4

こたえ みかん が 4 こ おおい。

てびき 文章を絵に表し，正しい場面を選ぶ問題を取り入れています。文章を読んですぐに式に表すのではなく，問題の場面を正しくイメージできているかどうかを見るためです。**1** では㋑が正しい絵となります。㋐や㋒と答えた場合は，ただ間違いで終わらせることなく，「㋐だったらどんなお話になるかな？」「㋒はどんな場面だと思う？」とたずねてみてください。㋐は「ケーキが8個あって2個食べると残りは6個。」，㋒は「ケーキが8個あって6個食べると残りは2個。」という場面になります。

33ページ まとめのテスト❷

1 しき 8－5＝3　こたえ 3 ぼん

2 しき 7－4＝3

こたえ すずめ が 3 わ おおい。

3 しき 9－2＝7　こたえ 7 ひき

4 しき 10－6＝4　こたえ 4 ほん

てびき

2 はと ●●●● ちがい
　すずめ ○○○○○○○　7－4＝3

3 ●●●●●●● ●●　9－2＝7

4 は求補の問題です。赤い花と黄色い花をたしたものが全体になります。

6 しらべよう

34ページ きほんのワーク

☆
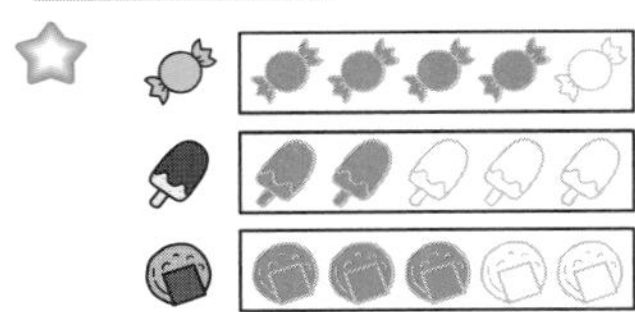

❶

❷ ❶ どうぶつ のりもの しょくぶつ ものがたり

❷ 3さつ

❸ どうぶつ のりもの しょくぶつ ものがたり

てびき 2年生で学ぶ「表とグラフ」の学習につながる勉強です。物の数を整理すると，多い・少ないがわかりやすくなります。１年生にとっては，バラバラに配置されたものを整理することは，容易なことではありません。色をぬったら(数えたら)チェック印(✓)や×をつけて，重複して数えたり，数え漏れたりしないように気をつけるよう，アドバイスしましょう。また，細かい部分に色をぬる作業も，１年生にとっては難しいものです。１年生のうちは，筆圧が低いお子さんが多いので，筆圧を高めるために，ぬり絵などをご家庭でも積極的に取り入れてください。

❷では，お子さんの理解度によって，「物語と動物の本の数の違いは？」「乗り物の本は動物の本より何冊多い？」といった発展的な問題を取り入れることもできます。「本棚にある本は全部で何冊になるかな？」といった問題を問いかけてみてもよいでしょう。

お子さんの持っている本や，ノートの数，えんぴつの本数などを調べてみてもよいですね。身のまわりに学習の教材はたくさんあります。お子さんが「調べてみたい！」と興味を示したときには，その気持ちを大切に伸ばしてあげてください。

35ページ まとめのテスト

1 ❶
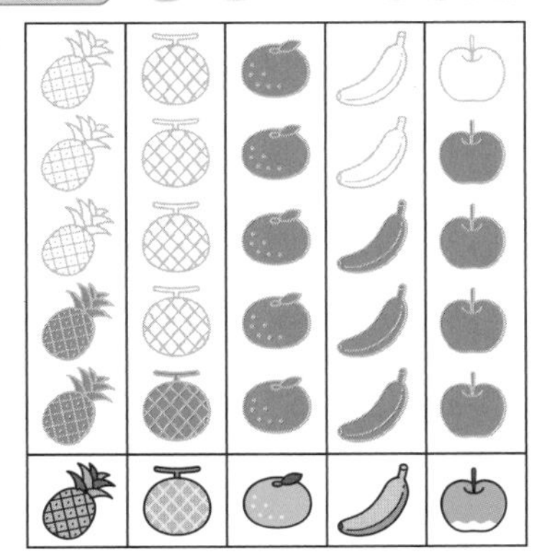

❷

❸
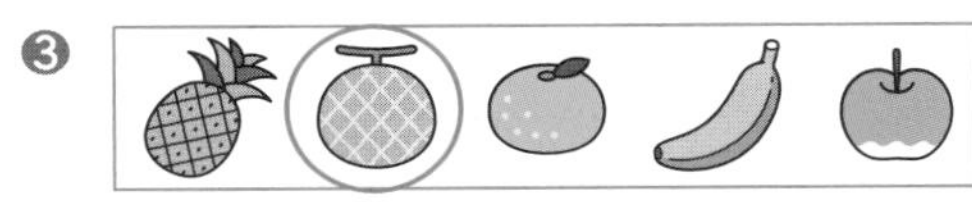

2 ❶ せんべい

❷ 4ほん

❸ 2こ

❹ 3つ

てびき **1** 数え漏れや重複のないようにチェック印(✓)や×をつけて，数えます。お子さんの理解度に応じて，次のような問題も投げかけてみるとよいでしょう。

- ２番目に多い果物は？
- ３番目に多い果物は？
- 全部でいくつありますか？
- りんごとバナナの違いはいくつですか？
- メロンはパイナップルよりいくつ少ないですか？

2 お子さんの興味に応じて，問題を考えさせてもよいでしょう。「あめはプリンより何こ多い？」などと問いかけたあと，「今度は私に問題を出してみて！」と投げかけると，問題を考えようとします。１つの問題を解いたら，それだけで終わらせずに，発展的に思考する習慣をつけると，自分から進んで学ぶようになります。「しらべよう」の単元は，お子さんが身のまわりのことに関心を持ち，学びに結びつけることのできるチャンスです。ぜひ，学ぶ楽しみを感じさせてください。

7 10より おおきい かず

36ページ きほんのワーク

☆ 10と [5]で [15]

❶ ❶ 11 ❷ 12 ❸ 13 ❹ 14 ❺ 15

❷ ❶ 13 ❷ 14 ❸ 11 ❹ 12

てびき 「10のまとまり」と，「ばらがいくつ」に分けて考えることで，大きな数を効率的に数えることができます。

❷❸・❹は10のまとまりを下のように線で囲んで数えるようにアドバイスしてあげてください。⬭は例です。

❸

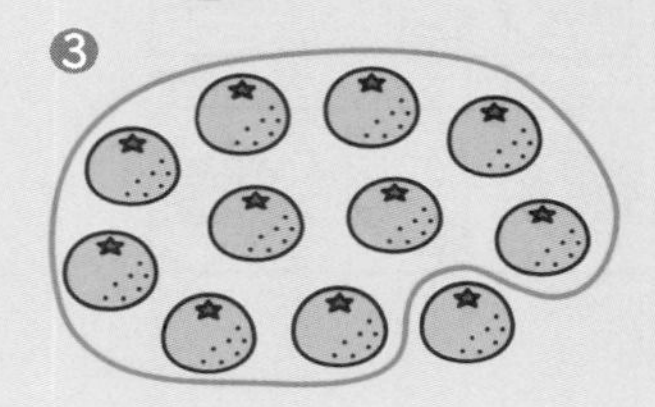

❹

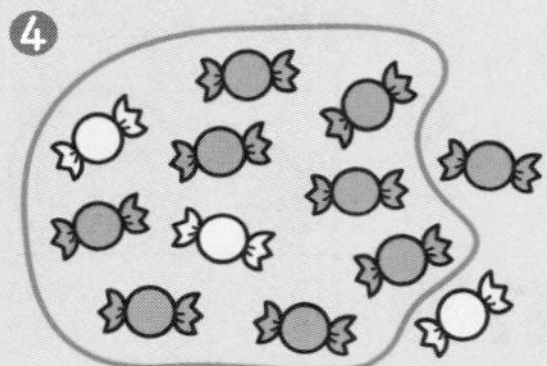

37ページ きほんのワーク

☆ 10と [9]で [19]

❶ ❶ 16 ❷ 17 ❸ 18 ❹ 19 ❺ 20

❷ ❶ 17 ❷ 16 ❸ 20 ❹ 18

てびき ❷❶は10枚入った袋が1つとばらが7枚で17枚，❷は10個とばらが6個で16個，❸は10個入りの箱が2つで20個，❹は10のまとまりを右のように線で囲んで考えてみましょう。⬭は例です。

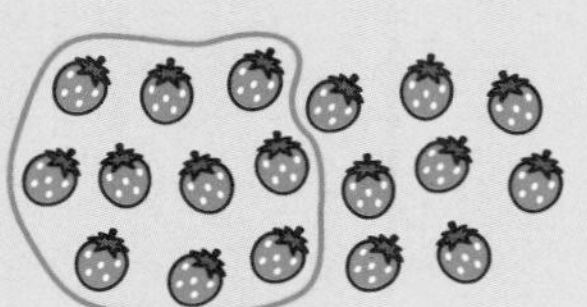

38ページ きほんのワーク

☆ ❶ 12

❷ 15

❶ ❶ 14 ❷ 17 ❸ 15

❹ 16 ❺ 19 ❻ 10

❷ ❶ [ ] [13]–[18] [○] ❷ [○] [19]–[11] [ ]

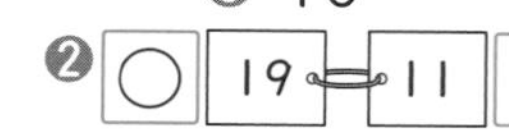

てびき 10より大きい数の並び方を学びます。数直線を使うと考えやすくなります。

❶

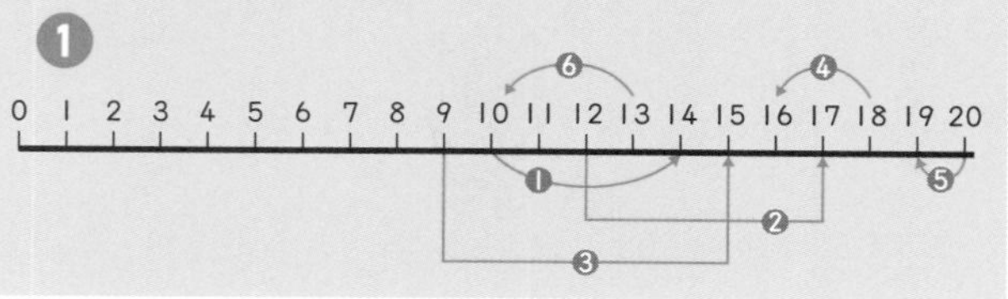

図で考える習慣を身につけましょう。

39ページ きほんのワーク

☆ ❶ [15]–[16]–[17]–[18]–[19]

❷ [10]–[12]–[14]–[16]–[18]

❶ ❶ 1 ❷ 6 ❸ 10

❹ 13 ❺ 19

❷ ❶ [10]–[11]–[12]–[13]–[14]–[15]

❷ [15]–[14]–[13]–[12]–[11]–[10]

❸ [15]–[16]–[17]–[18]–[19]–[20]

❹ [6]–[8]–[10]–[12]–[14]–[16]

てびき 20までの数の並び方を覚えましょう。

☆❶は1つずつ大きくなっています。

❷は2ずつ大きくなります。2，4，6，8，10，12，…と2ずつ増える数え方は，声に出して言ってみましょう。

❶数直線の読み方を押さえます。

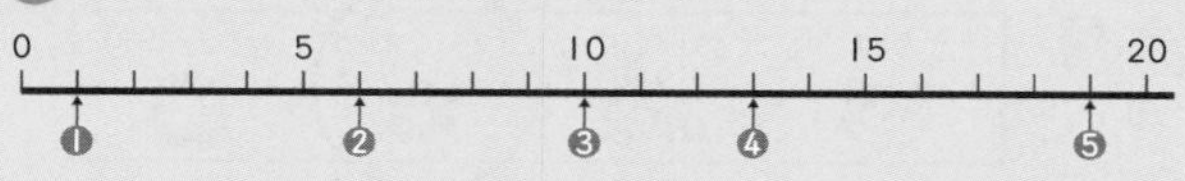

❶は0より1大きいので1

❷は5より1大きいので6

❸は5より5大きいので10

(15より5小さい，など)

❹は15より2小さいので13

❺は20より1小さいので19

数直線は，数の大小を比べるときをはじめ，数の概念をつかむのにも役立ちます。いろいろな場面で数直線を使って考えてみましょう。

❷❶・❸は1ずつ大きくなっています。❷は1ずつ小さく，❹は2ずつ大きくなっています。

40ページ きほんのワーク

☆ しき [10]＋[3]＝[13] こたえ [13]こ

❶ しき [10]＋[5]＝[15] こたえ [15]こ

❷ しき [12]＋[3]＝[15] こたえ [15]ほん

❸ しき 17＋1＝18 こたえ [18]まい

てびき ☆ 10と3で13です。10といくつと考えることを押さえます。

❶袋に10個，皿に5個あるので，式は10+5になります。10+5は10と5で15です。

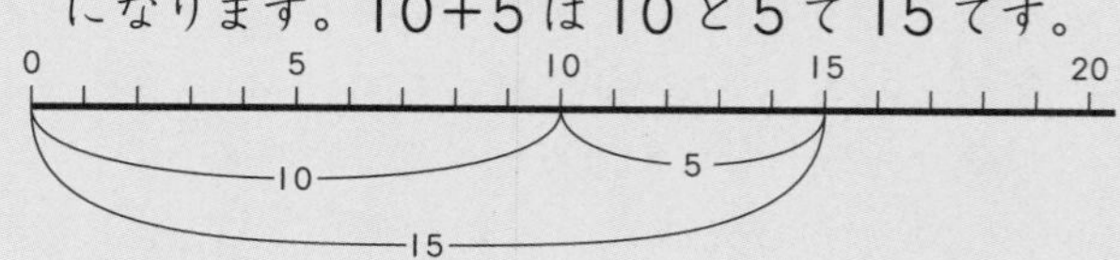

❷ 12+3は，12を10と2に分けて考えます。

12＜10／2に3をたして5　合わせて15

0　5　10　12　15　20
12
12から3つ右に進んで15

❸

0　5　10　15　20
17
17から1つ右に進んで18

41ページ きほんのワーク

☆ しき 15－5＝10　こたえ 10こ
❶ しき 17－7＝10　こたえ 10こ
❷ しき 14－2＝12　こたえ 12まい
❸ しき 16－2＝14　こたえ 14ほん

てびき ☆15は10と5です。5をとると残りは10と考えます。

❶ 袋に10個，皿に7個あるので，皿に乗った7個を全部食べると，残りは袋に入った10個になります。

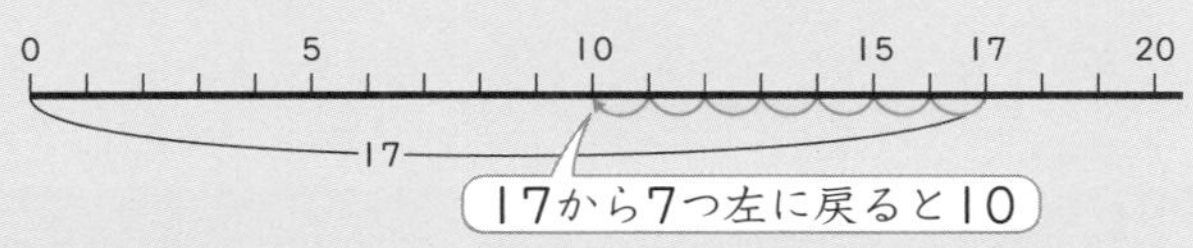

❷

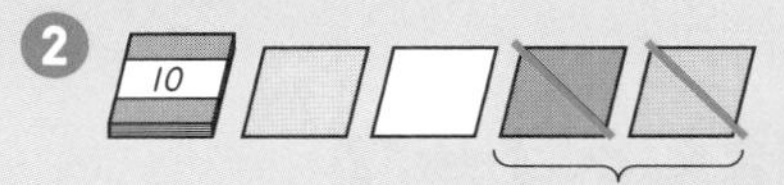

2枚使うと14－2＝12

14＜10／4から2をひいて2　あわせて12

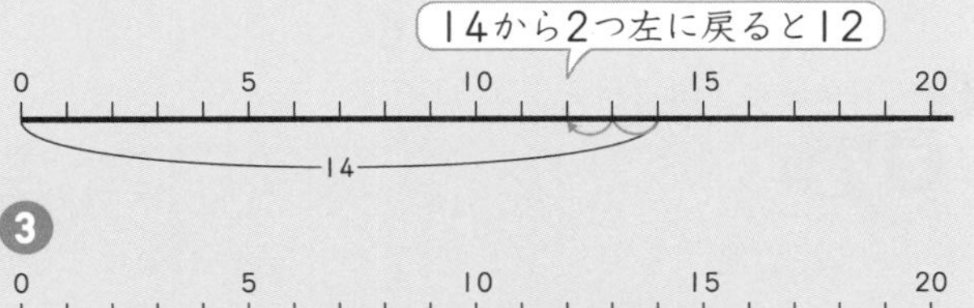

❸

0　5　10　15　20
16
16から2つ左に戻ると14

42ページ まとめのテスト❶

1 ❶ 10に　3を　たした　かずは　13
❷ 12に　2を　たした　かずは　14
❸ 14に　4を　たした　かずは　18
❹ 13から　3を　ひいた　かずは　10
❺ 17から　2を　ひいた　かずは　15
❻ 19から　4を　ひいた　かずは　15

2 しき 10+4＝14　こたえ 14ひき
3 しき 15－2＝13　こたえ 13まい

てびき いろいろな考え方があります。下の図はその一例です。

2

3

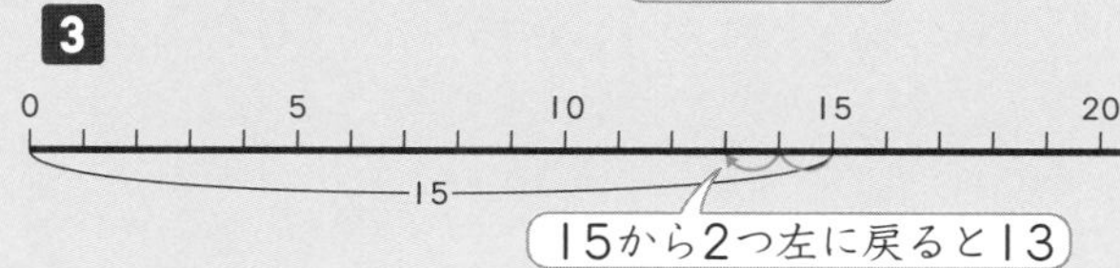

43ページ まとめのテスト❷

1 ❶ 8，10，16
❷ 13，19，20
❸ 15，18，20
❹ 16，17，19

2 しき 10+9＝19　こたえ 19にん
3 しき 18－3＝15　こたえ 15こ
4 しき 16－6＝10　こたえ 10にん

てびき いろいろな考え方があります。下の図はその一例です。

2

10+9=19

3

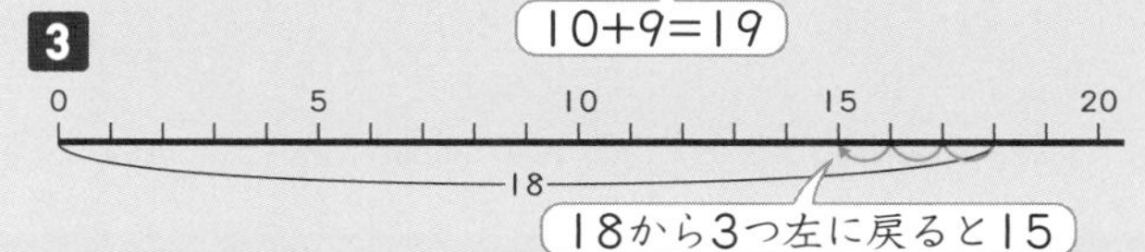

4

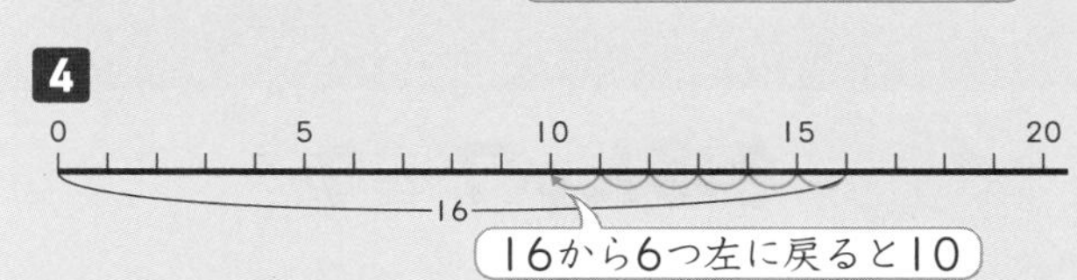

8 なんじ なんじはん

44ページ きほんのワーク

☆ 6じはん，8じ
❶ ❶ 12じ　❷ 1じ
❸ 2じはん
❷ ㋑

たしかめよう！
ながい　はりが　6を　さしていると，
なんじはんに　なります。

てびき 何時，何時半の時刻が読めるようにします。短針では「時」を読むこと，長針が６を指すときが「何時半」であることを押さえます。最近時計の読めないお子さんが増えています。デジタル時計が一般的になったことも大きく関わっているようです。針のある時計を読むことができるように，日頃から声かけをしてあげてください。「いま何時？」とか「あと30分で出かけようね。」などと，時計を意識させるようにしましょう。

45ページ まとめのテスト

1 ❶ ７じ
❷ ８じはん
❸ ９じ

2 ❶ ９じはん
❷ ６じ
❸ ３じはん

3 ❶

❷

てびき **3** 長針をかくのは，１年生にとってはﾞ難しいものです。「何時」というときは長針は12（❶），「何時半」では，長針が６を指すように（❷）かきます。定規があれば，定規を使ってかいてみてもよいでしょう。

9 いろいろな かたち

46ページ きほんのワーク

☆
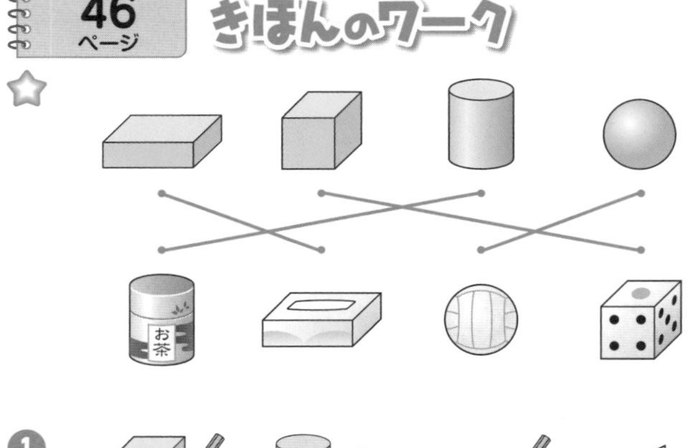

❶
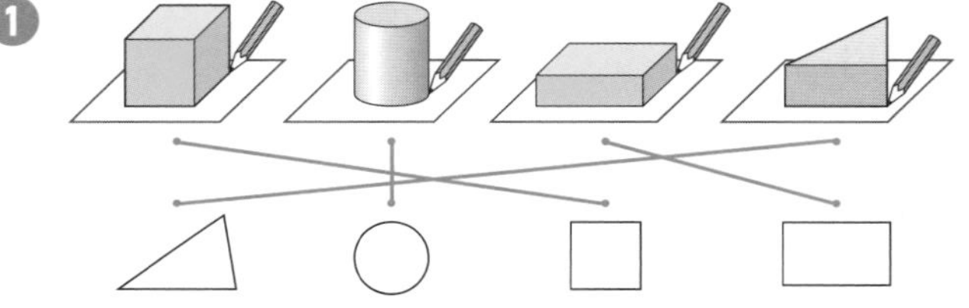

❷
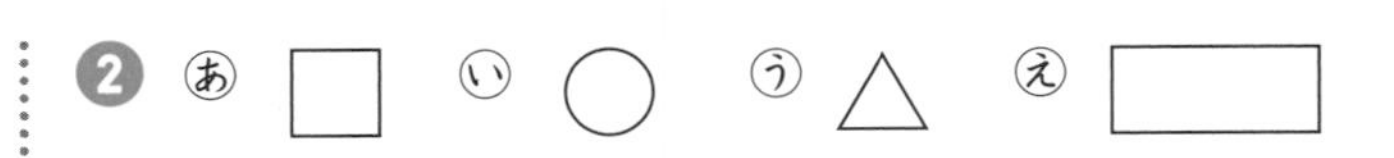

てびき 立体図形のスタートとして，箱の形やさいころの形，筒の形，ボールの形を取り上げます。同じ形の仲間で分類してみましょう。１年生では形の違いに気がつくこと，写し取れる形を知ることが求められます。

47ページ まとめのテスト

1
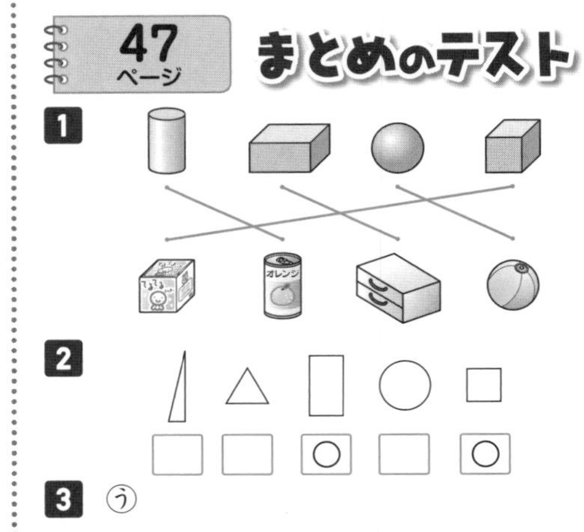

2

3 ㋒

てびき **3** 投影図の学習につながる発展的な問題です。上から見ると円に見え，前から見ると長方形に見えることを押さえましょう。

10 ながさくらべと ひろさくらべ

48ページ きほんのワーク

☆ ㋐

❶ ❶ ㋐　❷ ㋑
❸ ㋐　❹ ㋑

❷ ㋑ ⇒ ㋐ ⇒ ㋒

てびき 長さを比べるには，端をそろえて比べる（直接比較），テープなどで長さの印をつけて比べる（間接比較），ます目のいくつ分かで比べる方法などがあります。
❶❷はます目のいくつ分かで比べています。㋐は６つ分，㋑は７つ分になっています。
❷ます目のいつく分か調べると正しく比べられることを実感しましょう。㋐はます目の６つ分，㋑は８つ分，㋒は５つ分です。

49ページ きほんのワーク

☆ (あ)

① (あ)

② ❶ (い)　❷ (あ)

てびき　広さを比べるときにも，端を揃えて直接比較をしたり，ます目のいくつ分あるかで比較したりします。

①は，(あ)が9枚，(い)は8枚で(あ)が広い。

② ❶は(あ)と(い)を重ねて，(あ)が5個はみ出して，(い)は6個はみ出しているので，はみ出している数の多い(い)が広いことがわかります。

❷は，(あ)が18個，(い)が17個なので，(あ)が広い。□の数で考えましょう。

50ページ まとめのテスト❶

1 ❶ (あ)

❷ (い)

2 ❶ (い)

❷ (う)

3 ❶ (あ)

❷ (い)

てびき　**2** ❶ (あ)5ます，(い)6ます，(う)5ます，(え)4ますなので，(い)がいちばん長いです。

❷ (あ)6両，(い)7両，(う)5両。いちばん短いのは(う)です。この問題は(い)とする間違いが多いです。短いものを選ぶことに注意しましょう。

3 ❶(あ)と(い)を重ねたところから，(あ)がはみ出しているので，(あ)が広いことがわかります。

❷は，(あ)が11ます，(い)が13ますで，(い)が広いことがわかります。お子さんに，広いことの理由を説明させてみましょう。

51ページ まとめのテスト❷

1 ❶ (う)

❷ (い)

2 [よこ]が [3]つぶん ながい。

3 ❶ けんた [11]こ，あやか [12]こ

❷ [3]こ

てびき　**1** (あ)と(う)の長さは同じと考えるお子さんが多く見られます。(う)はリボンがたるんでいることから，たるんでいるところをピンと伸ばすと，(あ)よりも長くなることを確認しましょう。同様に，(い)と(え)は，(え)の方が長くなりますので，いちばん短いものは(い)となります。

2 横は7つ，縦は4つなので，横が7−4で3つ分長いことになります。

3 ❶では，けんたさんが11個，あやかさんが12個取っています。❷は，❶の時点であやかさんが1個多く，その後さらに2回勝って2個取るので，1+2で3個多くなります。

11 3つの かずの けいさん

52ページ きほんのワーク

☆ しき 4+[2]+[1]=[7]　こたえ [7]わ

① しき 7+3+2=12　こたえ [12]ほん

② しき 15−5−2=8　こたえ [8]まい

てびき　3つの数の計算も，1つの式に表すことができます。

☆ 4+2+1

① 7+3+2　10　12　7に3をたして10　10と2で12

② 下の図は考え方の一例です。

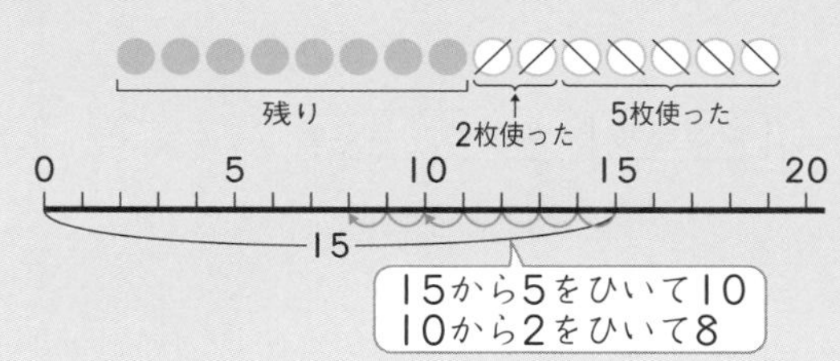

53ページ きほんのワーク

☆ しき 6−[4]+[3]=[5]　こたえ [5]わ

① しき 6+4−5=5　こたえ [5]まい

② しき 10−6+5=9　こたえ [9]にん

てびき　☆場面のイメージはつかめていますか？

わかりにくいときは，6−4=2，2+3=5と表してから，1つの式6−4+3=5に書きます。

2つの式でも1つの式でも，答えは同じになることを確認しておくとよいでしょう。

① 6枚あって，4枚もらうと10枚。5枚使うと…

6+4=10，10−5=5←2つの式

6+4−5=5←1つの式

❷ 

10人から6人降りると4人。後から5人乗ると…

10－6＝4，4＋5＝9←２つの式
10－6＋5＝9←１つの式

54ページ まとめのテスト❶

1 ❶ ㋑
❷ しき 12－2－4＝6　　こたえ 6 こ
2 しき 4＋6－3＝7　　こたえ 7 にん

てびき **1** ❶で文章に合うのは㋑です。それでは，㋐はどんなお話になるでしょうか。イラストを見て，問題文をつくってみてください。
〔㋐の例〕　ケーキが12個ありました。4個食べました。その後，また2個食べました。ケーキは何個になりましたか。
❷㋑は，12個あって，2個食べて，その後また4個食べたから，式は，12－2－4になります。12から2をひいて10，10から4をひいて6と，順に説明してもよいでしょう。
2 場面をイメージしてから式にすることを習慣づけてください。

4人いて，6人来ると10人。3人帰ると…

4＋6＝10，10－3＝7←２つの式
4＋6－3＝7←１つの式

55ページ まとめのテスト❷

1 しき 4＋3－2＝5　　こたえ 5 ほん
2 しき 16－6－3＝7　　こたえ 7 まい
3 ❶ しき 3＋4＋2＝9　　こたえ 9 ひき
❷ しき 9－4＝5　　こたえ 5 ひき

てびき 場面をよくつかんでから式にします。
1 4本あって，3本もらうと7本。2本あげると…
4＋3＝7，7－2＝5←２つの式
4＋3－2＝5←１つの式
2 3枚使う　6枚使う
16－6＝10，10－3＝7←２つの式
16－6－3＝7←１つの式
3 ❶
3＋4＝7，7＋2＝9←２つの式
3＋4＋2＝9←１つの式
❷ ❶をもとに考えます。

12 かさくらべ

56ページ きほんのワーク

☆ ㋐ 6 はい　　㋑ 4 はい
おおく　はいるのは ㋐ です。
❶ ㋒
❷ ㋐

てびき ❶ 水の高さが同じで，入れ物の大きさが違うので，いちばん入れ物が大きい㋒が，いちばん水が多く入っていることになります。次に多いのは㋐，いちばん少ないのが㋑です。
❷ ㋐は9杯，㋑は7杯，㋒は6杯なので，いちばん多く入るのは㋐です。

57ページ まとめのテスト

1 ❶ ㋑
❷ ㋑
2 ❶ ㋐
❷ ㋑
3 ❶ ㋐ 7 はい
㋑ 5 はい
㋒ 9 はい
❷ ㋒

てびき **2** ❶は㋐の方が高くまで入っているので，水がたくさん入っています。❷は高さは同じですが，㋑の方が底の部分が広いので，水がたくさん入っています。

13 くりあがりの ある たしざん

58・59ページ きほんのワーク

☆ しき 9＋4＝13
❶ しき 9＋5＝14　　こたえ 14 まい
❷ しき 9＋8＝17　　こたえ 17 ひき
❸ しき 9＋3＝12　　こたえ 12 こ
❹ しき 9＋6＝15　　こたえ 15 ほん
❺ しき 9＋7＝16　　こたえ 16 にん
❻ しき 9＋9＝18　　こたえ 18 こ

てびき くり上がりのあるたし算の問題です。初めは9＋(1けた)の問題を出題しています。10をつくり，10といくつになるかを考えます。
❶ 9＋5＝14（10　1　4）
❷ 9＋8＝17（10　1　7）

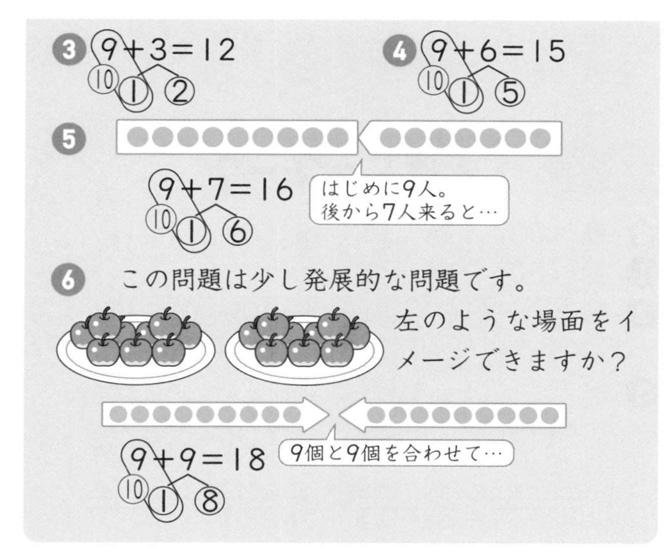

60・61 ページ きほんのワーク

☆ しき 8+5=13

❶ しき 7+8=15　　こたえ 15 わ

❷ しき 8+4=12　　こたえ 12 こ

❸ しき 6+6=12　　こたえ 12 こ

❹ しき 7+5=12　　こたえ 12 ひき

❺ しき 8+7=15　　こたえ 15 ほん

❻ しき 6+8=14　　こたえ 14 こ

❼ しき 7+6=13　　こたえ 13 もん

てびき 8+(1けた)，7+(1けた)，6+(1けた)のくり上がりのあるたし算の問題です。すぐに式をつくるのではなく，文章題の場面を想像するようにしてください。くり上がりのあるたし算のしかたを正しく理解しているかも確かめておきましょう。

❶ 7+8=15　10 3 5

❷ 8+4=12　10 2 2　8個。後から4個増えると…

❸ 6+6=12　10 4 2　6個と6個で…

❹ 7+5=12　10 3 2　7匹と5匹で…

❺ 8+7=15　10 2 5　はじめに8本。後から7本削ると…

❻ 6+8=14　10 4 4　箱に6個。皿に8個…

❼ 7+6=13　10 3 3　7問解いた。残りは6問…

ここでは＋（たす）の後の数を分けて10のまとまりをつくる方法を書きましたが，＋の前の数を分けて10のまとまりをつくる方法でもOKです。

62 ページ まとめのテスト①

1 ❶ ㋑

❷ しき 6+9=15　　こたえ 15 だい

2 ❶ ㋐

❷ しき 7+5=12　　こたえ 12 こ

てびき 間違っている絵の**1**❶㋐，**2**❶㋑について，それぞれの場面を問題文のような形で言ってみましょう。

63 ページ まとめのテスト②

1 しき 8+3=11　　こたえ 11 こ

2 しき 9+4=13　　こたえ 13 にん

3 しき 7+8=15　　こたえ 15 にん

4 しき 9+5=14　　こたえ 14 こ

14 くりさがりの ある ひきざん

64・65 ページ きほんのワーク

☆ しき 15−9=6

❶ しき 17−9=8　　こたえ 8 こ

❷ しき 14−9=5　　こたえ 5 こ

❸ しき 16−9=7　　こたえ 7 まい

❹ しき 15−9=6　　こたえ 6 えん

❺ しき 12−9=3　　こたえ 3 こ

❻ しき 13−9=4　　こたえ 4 ほん

てびき くり下がりのあるひき算は，1年生でもっともつまずきやすい単元といわれています。初めに場面を意識し，正確に立式すること，ひかれる数を10といくつに分けて，計算することを押さえます。

❶ 17−9
10 7

17を10と7に分ける。
10から9をひいて1
1と7で8

66・67 ページ きほんのワーク

☆ しき 13−8=5

❶ しき 15−8=7　　こたえ 7 こ

❷ しき 11－7＝4　こたえ 4 わ
❸ しき 12－7＝5　こたえ 5 こ
❹ しき 14－8＝6　こたえ 6 こ
❺ しき 11－6＝5　こたえ 5 まい
❻ しき 13－7＝6　こたえ 6 さい
❼ しき 12－8＝4　こたえ 4 ひき

てびき　2 つの数の違いを求める計算(求差)です。❸，❺～❼は 7－12 などのように，文章に出てくる順に式の数を書いてしまう間違いをしやすいので注意しましょう。

68ページ　まとめのテスト❶

1 ❶ ㋑
❷ しき 13－7＝6　こたえ 6 こ
2 ❶ ㋐
❷ しき 15－8＝7　こたえ 7 こ

てびき　1・2 とも絵を見て説明ができると理解が進みます。1 では「ケーキが 20 個あって，7 個食べた絵になっているから，㋐ではないよ。」といった指摘ができたら，ほめてあげてください。

69ページ　まとめのテスト❷

1 しき 12－5＝7　こたえ 7 まい
2 しき 13－9＝4　こたえ 4 かい
3 しき 16－8＝8　こたえ 8 にん
4 しき 15－7＝8　こたえ 8 まい

15 20 より おおきい かず

70ページ　きほんのワーク

☆ (10 が 5 こで) 50，(50 と 4 で) 54
① ❶

十のくらい	一のくらい
4	7

❷

十のくらい	一のくらい
5	2

❸

十のくらい	一のくらい
3	0

② ❶ 85　❷ 86　❸ 50

71ページ　きほんのワーク

☆ ❶(10 が 4 こと 1 が 3 こで) 43
❷(10 が 10 こで) 100
① ❶ 73　❷ 50　❸ 8，9　❹ 4，10　❺ 99
❻ 39　❼ 20　❽ 99

72ページ　きほんのワーク

☆ ❶ 53　❷ 83
① ❶ 3, 13, 23, 33, 43, 53, 63, 73, 83, 93
❷ 80, 81, 82, 83, 84, 85, 86, 87, 88, 89
❸ 66　❹ 77

73ページ　きほんのワーク

☆ ❶ 107　❷ 115
① ❶ 103　❷ 112
② ❶ 50－60－70－80－90－100－110－120
❷ 111－112－113－114－115－116－117－118
③

ドーナツ	クッキー	プリン	ポテトチップス
○	×	○	×

74・75ページ　きほんのワーク

☆ 60＋40＝100
① ❶ 70＋30＝100　❷ 40＋50＝90
❸ 100－30＝70　❹ 100－50＝50
② ❶ 50＋7＝57　❷ 30＋2＝32
❸ 8＋60＝68　❹ 67－7＝60
❺ 75－5＝70　❻ 49－4＝45
③ ❶ 80－10＝70　❷ 52＋6＝58
❸ 40＋40＝80　❹ 78－5＝73
❺ 30＋60＝90　❻ 49－9＝40
❼ 7＋30＝37　❽ 26－3＝23
④ ❶ しき 50＋30＝80　こたえ 80 えん
❷ しき 50－30＝20　こたえ 20 えん
⑤ しき 27－3＝24　こたえ 24 まい

てびき　何十の計算は 10 のまとまりで考えます。

76ページ　まとめのテスト❶

1 ❶ 94　❷ 7，6　❸ 80　❹ 97　❺ 110
2 しき 40＋60＝100　こたえ 100 こ
3 しき 24－4＝20　こたえ 20 まい

77ページ　まとめのテスト❷

1 ❶ 95－96－97－98－99－100－101－102
❷ 75－80－85－90－95－100－105－110
❸ 100－99－98－97－96－95－94－93
2 ❶ 20＋80＝100　❷ 53＋2＝55
❸ 70－20＝50　❹ 36－5＝31
3 しき 30＋8＝38　こたえ 38 にん
4 しき 100－40＝60　こたえ 60 えん

てびき **4** 100は10のまとまりが10と考えます。10のまとまりが10−4=6だから60で，60円です。

16 なんじなんぷん

78・79ページ きほんのワーク

☆ 8じ5ふん，8じ15ふん

1 ❶ 2じ35ふん　❷ 4じ56ぷん

2 ㋐

3 ❶ 6じ45ふん　❷ 10じ38ぷん
❸ 7じ24ふん

4

てびき **1** ❷4時56分を5時56分とする間違いや，**2** の㋑の短針が11，長針が2のところを11時20分や11時2分とする間違いが多く見られますので，注意しましょう。

80ページ まとめのテスト❶

1 ❶ 5じ15ふん　❷ 6じ5ふん
❸ 7じ25ふん

2 ❶ 6じ50ぷん　❷ 3じ40ぷん
❸ 8じ47ふん

3 ❶  ❷ 

81ページ まとめのテスト❷

1 ❶ 7じ5ふん　❷ 8じ10ぷん
❸ 11じ18ふん　❹ 1じ45ふん
❺ 5じ23ぷん　❻ 9じ15ふん

2

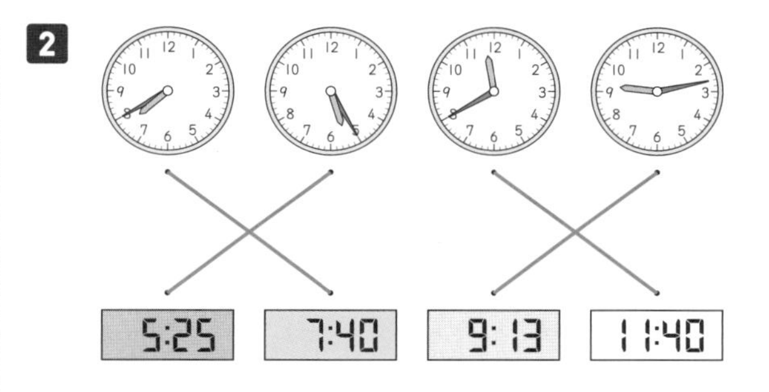

17 ずを つかって かんがえよう

82・83ページ きほんのワーク

☆ しき 7+5=12　こたえ 12にん

1 しき 14−8=6　こたえ 6にん

2 しき 9+4=13　こたえ 13こ

3 しき 6+7=13　こたえ 13にん

4 しき 4+1+3=8　こたえ 8にん

5 しき 5+4=9　こたえ 9こ

てびき 図を見て考えましょう。

3 こうへいさんは6番目，その後ろに7人いるから，式は6+7になります。

4 ○○○○●○○○　4+1+3=8
4人　えりな　3人　または4+3+1=8

5 ひと △△△△△　あまり4
ボール ○○○○○○○○○

84・85ページ きほんのワーク

☆ しき 8+5=13　こたえ 13こ

1 しき 7+4=11　こたえ 11こ

2 しき 12−3=9　こたえ 9こ

3 しき 8+6=14　こたえ 14ひき

4 しき 13−6=7　こたえ 7まい

5 しき 9+6=15　こたえ 15こ

てびき どちらが多いか，少ないかに気をつけて図から考えましょう。**3**～**5**では，6をたす，6をひく問題を取り上げています。1年生でつまずきが多いのが6をたしたり，ひいたりする問題であるといいます。意識的に6の計算を多く取り入れ，習熟することをねらっています。計算につまずきがないかどうか確かめましょう。

86ページ まとめのテスト❶

1 しき 13−4=9　こたえ 9にん

2 しき 7+8=15　こたえ 15にん

3 しき 6+7=13　こたえ 13こ

4 しき 14−9＝5　こたえ 5 こ

87ページ まとめのテスト❷

1 しき 9＋2＝11　こたえ 11 ぽん
2 しき 8＋5＝13　こたえ 13 びき
3 しき 15−6＝9　こたえ 9 こ
4 しき 7＋6＝13　こたえ 13 にん

てびき
2 いぬ ねこ　5匹 多い
3 あめ ガム　6個 少ない

18 かたちづくり

88ページ きほんのワーク

☆ ❶ 3まい　❷ 4まい
1 ❶ 4まい　❷ 3まい　❸ 5まい
2 ❶ 3ぼん　❷ 4ほん　❸ 7ほん

89ページ まとめのテスト

1 〔れい〕❶ ❷ ❸
2 ❶ あ　❷ あ　❸ え
3 略

19 くばりかた

90・91ページ きほんのワーク

☆ ❶ 略
❷ しき 2＋2＋2＝6　こたえ 6 こ
1 15こ
2 4にん
3 ❶ 3にん　❷ 3こ
4 ❶　❷ 5こ

5 5にん

92ページ まとめのテスト❶

1 ❶ い
❷ しき 2＋2＋2＝6　こたえ 6 こ
2 ❶ 4ほん
❷ 3ぼん

93ページ まとめのテスト❷

1
❶  → 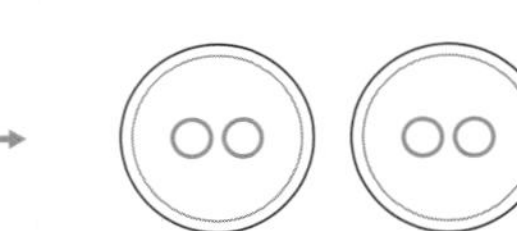
❷  → 
❸  → 
❹ 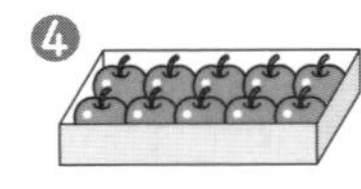 → 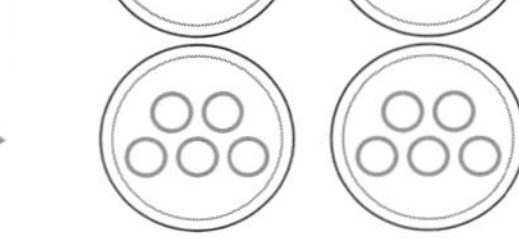

2 ❶ 3こ　❷ 5こ

1ねんの まとめ

94ページ まとめのテスト❶

1 ❶ 4ばんめ　❷ 4じ5ふん
❸ あ　❹ よこ　❺ う
2 しき 5＋3＝8　こたえ 8 わ

95ページ まとめのテスト❷

1 しき 7−5＝2　こたえ 2 こ
2 ❶ しき 5＋9＝14　こたえ 14 にん
❷ しき 9−5＝4　こたえ 4 にん
3 しき 15−6＝9　こたえ 9 こ
4 しき 8−5＋4＝7　こたえ 7 にん

96ページ まとめのテスト❸

1 しき 8＋6＝14　こたえ 14 にん
2 しき 16−2−3＝11　こたえ 11 こ
3 しき 34−3＝31　こたえ 31 にん
4 65 えん

3 2 1 0 9 8 7 6 5 4
＊ ＊ D C B A